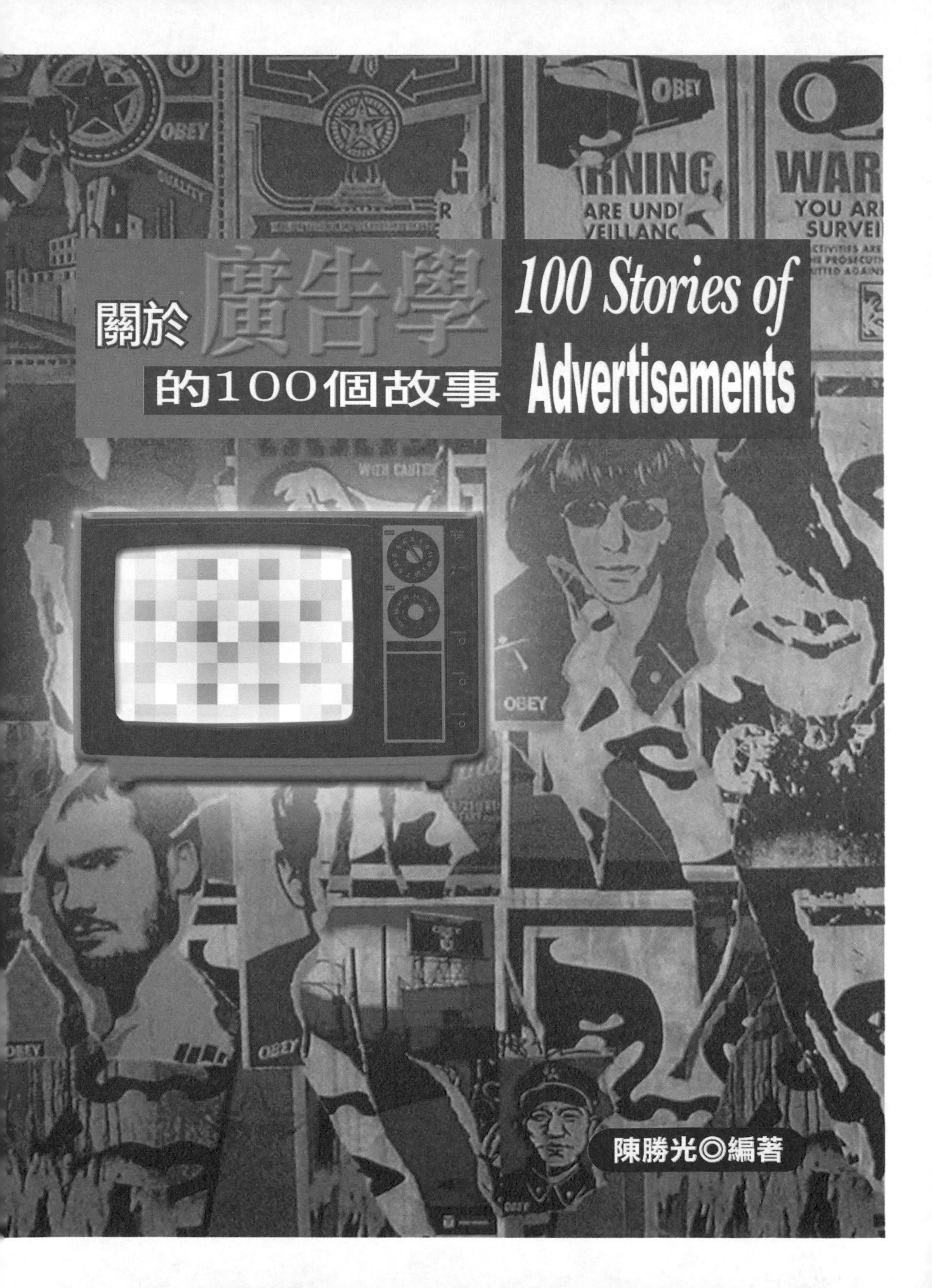
關於廣告學的100個故事
100 Stories of Advertisements
陳勝光◎編著

**本書適合：**

**◇想激盪腦力，刺激腦細胞升級的人。**

**◇想獻身廣告，準備敲廣告大門的人。**

**◇廣告業尖兵，想進補廣告知識的人。**

**◇唸大眾傳播或廣告等科系，不想只看教科書的人。**

**◇純粹喜歡廣告、愛廣告，想多了解廣告知識的人。**

# 廣告的魔力無處不在

當今社會，廣告不僅貫穿於人類經濟生活的各方面，而且波及人類的社會生活、道德生活、文化生活，在很大程度上影響著人們的生活觀念和生活方式，並形成一定的廣告文化。可以説，廣告無處不在，它已經是現代人們生活不可缺少的一部分。誠如廣告大師李奧・貝納所説：「好廣告不只在傳達訊息，它能以信心和希望，穿透大眾心靈。」

在澳大利亞的一家市場內，年輕的家庭主婦們爭相購買雞肉、牛肉，對於傳統的肉品——羊肉卻很少問津。成堆的羊肉散發著又膻又臊的氣味，不得不被清理出場扔掉。偶爾有幾個年紀大的主婦們路過，看到這種現象，搖頭嘆息道：「年輕人不吃羊肉了，她們不會烹調，也不愛吃這種東西。」是啊，從1986年起，澳大利亞的羊肉消費持續下跌，到1998年，12年間總跌幅達30%。年輕人認為，雞肉和牛肉更為健康，更有時代氣息，羊肉能吃的地方只有排骨和腿肉，而且現在的婦女們烹調水準普遍不高，進一步惡化了羊肉目前的形勢。老一輩的主婦們雖然喜歡羊肉，但由於她們的年紀日增，也意味著羊肉市場會進一步萎縮。

面對現實，澳大利亞肉品牲畜有限責任公司（簡稱AMLA）做出了努力，他們打算設計一連串推廣活動，鼓勵人們多消費羊肉，減緩羊肉行業衰弱的整體局勢。恰在這時，一件具有非常意義的事件發生了。

1999年7月，美國宣佈對澳大利亞的畜羊產業徵收報復性關稅，使得澳方將損失高達6000萬美元的出口市場。AMLA立刻抓住機會，做出了一個戰術性廣告活動。他們在柯林頓總統發表聲明的48小時之內，號召澳洲人每週多吃一隻羊，以幫助澳洲畜羊業克服這場突如其來的打擊。他們打出了各種各樣的廣告，其中一則說道：「美國已經向澳洲農民宣戰了，澳洲家庭必須要在餐桌上保衛自己的國家。況且，吃一頓世界上最美味的羊羔肉，也不算是什麼犧牲。」

這樣，AMLA成功地將羊羔與愛國之情聯繫到一起。此後，他們制訂了詳細的廣告策略，把羊羔定義成澳大利亞生活的象徵，並賦予它放肆而愛嘲諷的人物個性，要把它推崇到「澳洲風味」的高度，如此一來，消費者對羊羔的印象產生了改變。此後，他們不斷利用廣告戰術活動增加人們對它的興趣，進而激起消費者的購買欲。1999年9月至10月，是澳洲傳統春節羔羊上市的季節，品牌推廣活動正式開始。廣告名為「我們愛我們的小羔羊──澳洲風味」。

為了保證效果，媒體方面則採用了慢熱的策略來促進廣告戰術的使用。廣告在日間時段輪番播出。而在每一次具體的推廣活動進行之後，媒體上會有一星期左右的廣告「真空時段」，以保證在宏觀品牌廣告和具體活動之間保持必要的距離，避免傳遞使人混淆的資訊。

經過一連串努力，羊肉重新回歸澳洲人飯桌，消費量持續走高，而且引起世界各地人們的興趣，羊肉，被人稱為「澳洲之肉」。澳洲，也在這次廣告活動中備受世人關注，得到意想不到的宣傳效果。

小小的羊肉消費，為我們展現了廣告的巨大魔力。那麼，究竟什麼是廣告？為什麼具有如此神奇的作用？廣告學又是一門什麼樣的學科呢？

翻開教科書，它是這樣解釋的，廣告學，就是研究廣告活動的歷史、理論、策略、製作與經營管理的科學。然而，這一切的解釋是否真的能讓你滿意？你真的懂了什麼是廣告學嗎？有鑒於此，本書特意為你選取一百個生動的廣告故事，向你展現廣告背後的秘密，讓你真正的「看懂」廣告。

# 目錄

# 目錄

## 第三章：廣告創意與策劃　168

# 目錄

# 第一章
# 廣告學概述

商業廣告把有關生產方面的資訊傳遞給消費者，向消費者提供商品或勞務資訊，這就是廣告的資訊傳播功能。這種功能不是單向的，而是一個循環往復的過程。現代社會商品的流向是正反兩個方面同時進行的，一方面，生產者從消費市場得到消費者的需求資訊，另一方面，他們要把產品資訊傳遞給消費者，如此周而復始，循環不已。

# 一次調查故事——廣告的概念

**廣告是為了某種特定的需要，透過一定形式的媒體，並消耗一定的費用，公開而廣泛地向公眾傳遞資訊的宣傳手段。**

從美國人班傑明．富蘭克林創辦《賓夕法尼亞日報》開創現代廣告業以來，廣告已經成為美國人們生活中司空見慣的事物，眾多商家都開始透過報紙、雜誌、廣播等多種媒體宣傳產品，促進銷售，同時，廣告公司和廣告商也應運而生，他們代理商家的廣告業務，促進了廣告業的發展。廣告，正以嶄新而富有活力的形象影響著人們的生活，而一些公司的成功經驗，無疑極大地刺激了人們對於廣告的好奇心。

鑒於此，《廣告時代週刊》推出的這項活動自然十分吸引人們的目光。果不其然，消息一傳

出，人們立刻投入極大的關注，各種各樣關於廣告的解釋像雪片一樣飛進編輯部辦公室。

刊物工作人員忙碌地拆閱著信件，記錄著各種概念，不時爭論著，希望自己手裡的概念是最準確最合理的。這時，刊物負責人走了進來，招呼大家說：「大家停一停，現在，我們來統計一下，看看收到了多少信件。你們可以念一念自己認為最準確最有趣的概念。」

這一下，辦公室內熱鬧起來了，大家你爭我搶地念著手裡的信件：

「廣告是一種說服性的武器。」

「凡是以說服的方式（不論是口頭方式或文字圖畫方式），有助於商品和勞務的公開銷售，都可以稱為廣告。」

「廣告是廣告主有計畫地透過媒介體傳遞商品或勞務的資訊，以促進銷售的大眾傳播手段。」

各種不同的解釋聽起來都有些道理，但是，到底哪一種才最準確呢？大家都拿不准主意。正在這時，一位工作人員又捧著一大疊信件走進來，滿頭大汗地說：「要是再不公佈答案，我們就沒法進行其他工作了。」

看來，不管準確與否，必須要公佈答案了，刊物工作人員經過再三推敲，終於確定了他們認為最準確的答案。

第二天，《廣告時代週刊》刊登了廣告的概念：個人、商品、勞務、運動以印刷、書寫、口述或圖畫為表現方法，由廣告者出費用作公開宣傳，以促成銷售、使用、投票或贊成為目的。

終於，徵求廣告概念的活動結束了，但是人們對於廣告的熱情依然十分高漲，他們在觀察著、談論著、渴望著，他們已經十分明確地認識到，廣告，是一條實現目標的有效手段，是經濟社會裡最為活躍的一分子。

什麼是廣告？這是迄今為止依然爭論不休的話題。對於廣告的解釋，存在著各種各樣的答案，而美國小百科全書給出的解釋是：「廣告是一種銷售形式，它推動人們去購買商品、勞務或接受某種觀點。廣告這個詞來源於法語，意思是通知或報告。登廣告者為廣告出錢是為了告訴人們有關某種產品、某項服務或某個計畫的好處。」

儘管各種概念說法不一，但我們不難看出其中的一些共同地方，據此，我們可以這樣總結廣告的概念：廣告是為了某種特定的需要，透過一定形式的媒體，並消耗一定的費用，公開而廣泛地向公眾傳遞資訊的宣傳手段。

**廣告所進入的是一個策略為王的時代。在定位時代，去發明或發現了不起的事情也許並不夠，甚至還不重要。你一定要把進入潛在顧客的心智，作首要之圖。**

——美國行銷專家、定位理論的最早提出者艾．里斯和傑．特勞特，1981年

# 藥物變飲料的成功演繹——廣告活動通常規律

**廣告活動的通常規律就是，由廣告主發起廣告活動，付出一定代價，與廣告公司之間產生交換；廣告公司承攬業務，製作廣告作品，透過代理行為，與廣告媒介交易；外援接受廣告公司的要求，提供專門性的服務；廣告媒介出賣時間和版面，發佈廣告資訊，傳達給消費者，進而完成廣告交易過程。**

潘伯頓是美國藥劑師，1885年，他在自家的地窖裡配置了一種治療頭痛的新藥水——「古柯柯拉」，這種藥水很受歡迎。有一次，有人前來購買此藥水，潘伯頓的助手法蘭克羅賓森在為客人取藥水時，不小心將蘇打水倒入藥水中。結果，他們意外的發現加入蘇打水的藥水口感更好了，受此啟發，他們改進了原藥水配方。而且，聰明機智的法蘭克羅賓森根據藥水配方成分產生了命名的靈感，為新藥水取名「CocaCola」，意為「可

口可樂提神液」。1886年5月8日，這種藥水正式在亞特蘭大的藥房首賣。

不久，一位叫康得勒的商人有幸結識了可口可樂。當時，他頭痛的老毛病發作，他的僕人在去為他購買藥物時，順便帶回了可口可樂提神液，並建議他服用。康得勒頭痛難忍，接過僕人手裡的可樂一飲而盡。沒想到，這種口味極佳的藥水效果良好，很快止住了他的頭痛。這件事讓康得勒非常好奇，他開始關注可口可樂提神液，並決定進行投資開發。

潘伯頓得知康得勒的打算後，喜出望外，1888年，他將三分之一的股權賣給了他，請他與自己合夥開發可口可樂。康得勒身為商人，投資可口可樂以後，經過琢磨分析，改變了原先的銷售策略，不再把可口可樂做為藥物出售，而是把它當作普通飲料來賣。他認為，「這樣可以擴大消費群體」。在這種觀念的指導下，他準備藉助廣告宣傳可口可樂，增加銷售量。

可是，他的打算遭到質疑，有人勸他說：「一年才賣50元，你拿出46元做廣告，太不合適了。」

然而，康得勒很堅決，執意刊出廣告。不久，發行的《亞特蘭大紀事報》上刊登了這樣一則廣告：向全體市民推薦一種全新的大眾化的蘇打水飲料。

廣告刊出後，可口可樂從默默無聞一下子成為了暢銷產品，人們對於這種全新的飲料十分感興趣，紛紛購買品嚐。結果，可口可樂很快風靡了整個美國。隨後，康得勒加大力度進行廣告宣傳，開始在各種可能的機會宣傳產品。1909年，經過20年時間的廣告宣傳，可口可樂一舉成為當年美國廣告協會選定的最佳廣告商品；1926年，可口可樂公司開始採用廣播廣告；1928年，可口可樂開始跟奧運合作；1931年，代表可口可樂的第一個聖誕老人出現；1941年，可口可樂第一次在廣告上

使用「Coke」——不同時期的廣告主題，針對不同時期人們的心理趨勢，成功運用不同媒體，充分贏得了消費者的信賴和肯定，樹立了可口可樂飲料全球第一的形象。

從此以後，運用廣告成為了歷任可口可樂公司掌門人的訣竅，他們一致認為：成功在於廣告。

當然，如此巨大而持久的廣告活動必定會付出巨額的廣告費用，對此，可口可樂公司認為：「現在是這個國家有史以來廣告運用的最多的時期，我們不能少花錢。」

可口可樂的成功得益於廣告，同時，從它的廣告運作上，我們也能非常清楚地認識到廣告活動的通常規律。

通常情況下，廣告活動是透過廣告主、廣告代理公司、廣告媒介、廣告受眾四者之間的互動而展開的。而現在廣告代理公司通常會邀請外援幫助，所以，外援成為廣告活動的第五個參與者。透過這五者之間的合作，完成廣告的通常流程，即廣告主——廣告公司——廣告媒介——外援——廣告受眾（消費者）。

隨著科技和社會的進步，廣告活動也發生了變化，主要表現在以下三個方面：一是消費者更加複雜，他們不止要求廣告可以提供資訊、方便生活，也要求廣告帶來一定的審美效果和教化作用；二是廣告不再是單向的說服性傳播，而採取了整合行銷傳播策略，開始向著全方位的資訊溝通轉變；三是隨著網際網路的普及，互動廣告開始出現。

**考慮一個廣告時，不要想你為它做了些什麼，而要體會顧客從中得到了什麼。**

——羅瑟．里夫斯：《廣告實效》，1961年

# 廣告公司的誕生——廣告信源

**在廣告傳播活動中，廣告信源也就是廣告資訊的傳播者，它主要指廣告的製作者和經營者，如廣告客戶（廣告主）、廣告代理公司、廣告製作公司、廣告設計公司等。**

伏而尼・帕爾默是美國人，1841年，他突發奇想，在費城開辦了一家公司，專門為客戶購買報紙廣告版面。他自稱「報紙廣告代理人」，這還是報紙業興起以來，第一位從事此項工作的人。

當然，他不會白白出力，而是從廣告費用中抽取25%做為酬金。這不會引起客戶不滿，因為不管他們請不請代理人，都會付同樣的價格做廣告，而且一旦聘請帕爾默做代理，他們就只管付錢，其他事務完全交給帕爾默就可以了。這樣一來，廠商或個人大為省心，因此，業務展開以後，不少廠商或者個人尋上門來，請他代理廣告業務。這令帕爾默大為高興，他每天穿梭在客戶和報社之間，工作非常積極。

然而，25%的酬金由報社從廣告費中支付，引起報業不滿。一開始，他們認為帕爾默只管聯繫客戶，既不負責廣告文字，又不做設計工作，收取25%的酬金太多了，影響他們的收入。當時，不少人這樣評價帕爾默：妄想發財狂。所以，只有少數幾家發行量不大的報社抱著試一試的態度跟他合作。

帕爾默沒有因此灰心，而是堅持不懈地努力著。他說：「這是一個新行業，終有一天，人們會看到它的魅力的。」果然，一段時間下來，情況令所有人大為震驚：那些與他合作的報紙發行量大大提高，而且由於廣告增多，收入也明顯增加。這一結果引起報業極大關注，他們紛紛尋找原因，一致認為這是帕爾默的功勞，是廣告促進了報紙本身的效率。於是，報業改變以前的態度，主動與帕爾默合作。

1845年，短短4年時間，帕爾默已經成為美國非常有名的報紙廣告代理人，他相繼在波士頓、紐約開辦了廣告分公司，極大促進了美國廣告業的發展。到1860年，在美國已有30多家廣告公司為4000多種出版物代理廣告了。

現在人們一致認為，伏而尼・帕爾默開辦的第一家廣告代理公司，標誌著廣告代理業的誕生。在他的影響下，美國廣告代理業務發展迅速，1865年，喬治・路維爾在波士頓成立了廣告批發代理公司，成為一個劃時代的廣告代理事件。他分別與100家報社合作，向廣告主出售他們的版面，因此大獲成功，這種出賣版面的業務，成為今天廣告公司的前身。1869年，路維爾發行美國新聞年鑑，公開發表全美5411家報紙和加拿大367家報紙的估計發行份數，從此，對於版面價值有了評價的標準。廣告代理公司也脫離報社的代表身分，第一次獲得了獨立存在的地位。

同年，美國的Ayer & son廣告公司在費城成立，它具有了現代廣告公司的基本特徵，經營重點從單純為報紙推銷版面轉成為客戶服務。他們以客戶為中心，向報社討價還價，負責制訂廣告策略與計畫，撰寫廣告文字，設計廣告版面，測定廣告效果，工作深入全面，大受客戶歡迎。

從廣告公司的誕生和發展，我們認識到一個新問題，這就是在廣告傳播活動中，廣告公司處於什麼位置？它與廣告主是什麼關係？

其實，廣告公司和廣告主關係密切，他們共同構成了廣告要素之一——廣告信源。

首先，我們認識一下什麼是廣告信源？簡單地說，廣告信源指的是廣告資訊的傳播者，它主要指廣告的製作者和經營者，如廣告客戶（廣告主）、廣告代理公司、廣告製作公司、廣告設計公司等。

其次，廣告公司和廣告主雖然同為廣告信源，卻存在著不同之處。廣告主是廣告活動的發動者，對廣告活動起了主導作用，他們對廣告活動的投資具有決定權，是廣告資訊傳播費用的實際支付者。廣告公司是廣告文本資訊的編碼者，他們要有較高的專業水準，策劃設計的廣告要能夠準確體現廣告主的意圖，為確保廣告資訊傳播取得成功打下基礎。

但是，在實際生活中，人們通常不把廣告製作者和廣告代理公司當作真正的信源，而是把他們所編碼的廣告資訊內容比如品牌、商品等看做信源。

**如果你能賣掉產品，那麼你就賣產品；如果你不能賣掉產品，那麼你就要賣產品的包裝。**

——廣告界的一種説法

# 牛肉在哪裡——廣告資訊

**廣告資訊或稱為廣告文本，是信源對某一觀念或思想進行編碼的結果，是對觀念或思想的符號創造，是廣告傳播的核心。每條廣告資訊都包含著符號的能指和所指，即內容（說什麼）和表現形式（怎麼說）構成了內涵豐富的廣告資訊。**

溫蒂漢堡公司創建於1965年，創始人名叫戴夫．托瑪斯，是位聰明能幹的總裁，經過10年努力，將公司營業額提升至麥當勞的1/4。但戴夫．托瑪斯並未就此滿足，他雄心勃勃，一直在積極尋找超越對手的機會。

1983年，美國農業部的一項正式調查給他帶來了機會。這次調查表明：麥當勞的4盎司牛肉餡的巨無霸雙層漢堡，其含肉量卻從未超過3盎司（1盎司約28克），這顯然是明顯的缺斤短兩行為。溫蒂自然不會放過這個時機，他們的傳統牛肉漢堡注重品質和實惠，正可以此和麥當勞一決高下。

於是，溫蒂聘請著名的廣告公司代理新廣告業務。廣告公司不負所望，很快設計了一則幽默風趣的電視廣告。這則廣告的內容是：一位認真好鬥、喜愛挑剔而又風韻猶存的老太太和另外兩位老太太一起進餐廳用午餐。她們坐好後，餐廳很快端上一個碩大無比的漢堡，擺在她們面前。老太太很高興，望著大漢堡眉開眼笑，十分滿意，並且興高采烈地揭開漢堡準備進餐。可是，令她大感失望的是，漢堡中間的牛肉太小了，只有指甲片那麼一丁點大。這讓老太太十分惱火，她左右打量著漢堡，最後忍不住大喝一聲：「牛肉在哪裡？」隨著她的話音落地，一個人高聲說

道：「如果這三位老太太去溫蒂吃午餐的話，就不會發生找不到牛肉的情形了。」

這則廣告針對麥當勞缺斤短兩的行為，可謂一針見血，而且，那位大喊「牛肉在哪裡」的老太太又由著名喜劇演員克拉拉扮演，效果非常明顯，引起了消費者的強烈迴響。這一下，溫蒂漢堡知名度和美譽度大大提高。

溫蒂並沒有就此結束廣告宣傳，反而在第二年巧妙利用了這則「牛肉在哪裡」的廣告進行再創作，同樣獲得巨大迴響。第二個廣告的內容是：克拉拉扮演一位遇到麻煩的老太太，在結束了墨西哥旅遊後，返家途中在芝加哥機場由於弄丟了回程入境卡而不能入關。她一面回答海關人員沒完沒了的詢問，一面驚慌失措地把口袋

翻來翻去，可是還是沒有找到任何能夠證明自己是美國人的證件。她實在無法忍受，終於喊出來：「你難道不認識我嗎？我是廣告女明星！」接著說出了美國家喻戶曉的一句話：「牛肉在哪裡？」海關人員和受檢旅客大吃一驚，立刻認出了這位「愛挑剔的老太太」，隨之爆發出一場哄堂大笑，於是海關人員破例讓老太太入境了。由此可見該廣告的影響之大。

此後，溫蒂推出了很多幽默風趣的廣告，都獲得了成功，藉助廣告的影響力，它也躍上了美國速食連鎖店第三把交椅。而「牛肉在哪裡？」廣告口號也被評選成為最受歡迎的廣告語之一。

第二個廣告故事巧妙利用前一個廣告傳播的資訊來說明問題、擴大影響，是一個非常有趣的現象，這裡，我們有必要認識一下廣告資訊，看一下廣告傳播中資訊的重要性。

在學術界，通常把廣告資訊分為兩部分，一是直接資訊，也叫顯性資訊，簡單地說，廣告所要直接傳達的關於產品、服務或企業形象方面的資訊就是直接資訊，比如產品名稱、外觀、包裝識別等；二是間接資訊，也叫隱性資訊，是指廣告作品具體的表現形式所帶來的感覺上的資訊。直接資訊是廣告表達內容的重點，而間接資訊可以烘托、強化直接資訊。

當然，間接資訊也可能吸引到過多的注意，甚至對直接資訊產生錯誤的影響，所以一定要注意它在廣告傳播中的影響力。

廣告資訊的傳遞是一個複雜的過程，因此要使廣告資訊盡可能準確地傳播，符合發送者所預期的目標，就必須進行詳細的調查和策劃，充分瞭解市場和消費者。

**就像恐怖電影中必然發生的一樣……他（可口可樂的聖誕老人）還會再次回來。注意盯著天空看吧，每年耶誕節，他肯定會回來。可憐的百事公司，他們一定害怕過耶誕節。**

——詹姆斯．B．特威切爾（James. B. Twitchell）：《震撼世界的20個廣告》

# 撒在主幹道上的銅牌——廣告媒介

**廣告媒介，即廣告媒體，是指傳遞廣告資訊的物體。凡能在廣告主與廣告對象之間起媒介作用的物質都可以稱之為媒介或媒體。**

1957年，美國芝加哥舉辦了一個全國性的百貨商品博覽會。參加會議的廠商很多，會場人群如潮，相當壯觀。

漢斯罐頭食品公司的經理漢斯也把自己公司生產的罐頭食品送到了展覽現場，他希望憑藉這次展覽，可以推銷部分產品，擴大影響。然而，事情總是不盡如人意，儘管他在事前做了充分準備，可讓他十分失望的是，由於他出資少，主辦方沒有給他好位置，而是分給他一個遠離主會場、比較偏僻的小閣樓。

展覽推銷情況可想而知。第一天，到會場參觀的人不計其數，大家你推我擠，場面熱鬧非凡。可是，漢斯公司卻門可羅雀，很少有人光顧。結果，一天下來，他們沒有做成幾筆生意，大家心情十分糟糕。

難道就這樣接受現實嗎？漢斯望著會場內湧動的人潮，腦子裡激烈地思考著，不，不能這樣下去，不能白白浪費一次機會。他沒有消極等待，馬上召集廣告人員，開始分析情況，尋找問題，期求得到解決問題的答案。

經過艱苦的討論策劃，他們想出了一個好辦法。這天夜裡，漢斯帶著工作人員連夜訂製了一批類似獎章的銅牌，這些銅牌大小不等，一面鑄印著漢斯公司展銷地點的標徽，一面印著簡短的文字：祝您好運，憑此牌來公司展銷閣樓領取紀念品，歡迎光臨。

印製完銅牌，天還沒有大亮，參觀者還未入場，漢斯立即派人將這些銅牌撒在會場主幹道上。

等到參觀者入場後，很快被地上的銅牌吸引了，他們握著銅牌，按照上面指引的位置找到了閣樓。這一下子，閣樓頓時門庭若市，擠滿了參觀者。漢斯公司進而一舉成功，從最不顯眼的位置成為最受人關注的公司。接著，他們在展覽期間不斷撒出銅牌，生意一直十分興旺。

這次展覽會結束後，漢斯罐頭食品公司名聲大振，賺了55萬美元之多。

在漢斯的成功中，小小的銅牌起了至關重要的作用。那麼，在這裡，銅牌在廣告活動中處於什麼位置？或者說它是廣告中的什麼要素呢？

答案很簡單，銅牌是一種廣告媒介。所謂廣告媒介，是指傳遞廣告資訊的物體。在實際廣告傳播中，媒體選擇非常重要，必須詳細考慮費用、產品自身特點、媒介性質等因素，其中，媒介到達目標受眾或目標市場的能力是媒介選擇的前提。

廣告媒介有自身發展歷史，隨著科技進步，媒介的種類也在不斷擴大。目前，常用的廣告媒介大約有以下幾種：

1、電子媒介　包括電視、電影、網路、電話、衛星等。

2、印刷媒體　包括報紙、雜誌、掛曆、電話簿等。

3．展示廣告　包括櫥窗、門面設計等。

4．戶外廣告　包括看板、氣球、車廂廣告等。

5、其他媒體　包括火柴盒、包裝袋、禮品廣告等。

在以上各種媒介中，從廣告費和效果來說，電視、廣播、報紙、雜誌被譽為四大媒體，而網路在近年的崛起，形成一股新勢力。

**一個有效的廣告必須要引起人們的注意，使人們讀懂它、理解它、相信它，並據之採取具體的行動。」**

——廣告調查專家丹尼爾．斯塔奇（Daniel starch），1923年

# 「新一代」的可樂效應——目標受眾

**廣告的目標受眾，即廣告信宿，也就是廣告資訊所要到達的對象和目的地。受眾是廣告資訊傳播活動取得成功的決定因素。只有當受眾將廣告資訊解讀成對他們有意義的訊息時，傳播才真正開始。**

1898年，在可口可樂問世12年之際，美國誕生了另一種與其口味相似的飲料——百事可樂。之後，兩可樂之間就展開了持續不斷的銷售之戰，其中，廣告活動在這場戰爭中扮演了重要角色。

一開始，由於可口可樂經營時間長，早已名聲遠揚，在人

們心目中形成了習慣，一提起可樂，非可口可樂莫屬。所以，在第二次世界大戰以前，百事可樂一直不見起色，曾兩度瀕臨破產邊緣。

1960年，百事可樂做出重大決定，將廣告業務交給BBDO廣告公司代理，從此情況出現了重要轉折。BBDO公司分析了消費者構成和消費心理的變化，他們認為，60年代，二戰之後的新一代步入社會，已經成為社會的主要消費對象，誰能夠爭取到他們，誰就能在競爭中獲勝，所以，從新一代入手，進行全新廣告宣傳，一定可以改變百事可樂原先的銷售情況。

在這種思維指導下，BBDO廣告公司進一步分析了新一代人的性格特色，發現他們同樣具有叛逆個性，對品牌忠誠度較低，不喜歡和父輩做同樣的事，當然也不願意和他們喝一樣的飲料。這一發現無疑給百事可樂帶來巨大商機。經過4年醞釀，他們推出了嶄新的系列廣告，內容強調百事可樂是獻給年輕人的，現在的社會是百事的一代。

這一觀念極大地迎合了新一代人的心理。其中有一個廣告畫面是60年代的青年人不會忘記的：數百名大學生在海上的皮筏裡跳舞。一架直升機上的攝影機調整焦距放大鏡頭，發現每個人手上都拿著一瓶百事可樂。他們和著音樂的節拍對著太陽飲著可樂放聲歌唱。此時，音樂聲起，播送出這樣的曲子：「今天生龍活虎的人們一致同意，認為自己年輕的人就喝『百事可樂』；他們選擇正確的、現代的、輕快的可樂，認為自己年輕的人現在就喝百事。」

在這種廣告策略影響下，百事可樂很快風靡美國，品牌形象不斷上升。到60年代中期，美國年齡在25歲以下的人幾乎都迷上了百事可樂。

20年後，一直為百事可樂代理廣告的BBDO公司策劃了更為有名的廣告系列，這

次活動由德森伯尼指導，他提出了「百事新一代」的廣告口號，並且重金禮聘美國黑人搖滾樂巨星麥可·傑克森，演出一個充滿節拍、脫胎換骨的廣告。結果，由於當時年輕人對麥可·傑克森的狂熱心理，加上節奏強勁的音樂，這則以巨星演唱會為背景的搖滾樂廣告獲得巨大迴響。年輕觀眾投入到廣告裡，相信自己是「百事新一代」，對廣告產生了共鳴和感情。

就這樣，在廣告戰略中，百事可樂從默默無聞的追隨者扶搖直上，很快趕上了可口可樂，並一度將其超越。如今，兩者已經成為飲料行業無可爭議的兩大巨頭，他們的廣告之戰會更加激烈，更加精彩。

正如美國消費行為學家威廉·威爾姆說的：「受眾是實際決定傳播活動能否成

功的人。」百事可樂的成功故事告訴我們，在廣告傳播中，目標受眾的選擇非常重要。

由於受眾所處的資訊背景、社會、文化、經濟、心理等不同，他們受這些因素影響和支配，對廣告資訊的理解具有不確定性，也就是他們對於傳播行為是否接受，具有很強的自主性。由此來看，受眾是傳播過程的主動參與者而非被動接受者，他們在接受廣告資訊後，是否採取相關行動是廣告資訊發佈者難以預測和控制的。所以，選擇目標受眾是非常重要的事情，也是一項極其艱巨的任務。

需要注意的是，受眾和消費者是不同的概念，他們既有關聯又有區別。受眾是相對於廣告傳播而言，並非一定消費產品；消費者則是相對於市場活動、廣告活動而言，只有當受眾在接收到廣告資訊後採取了消費行為，才成為消費者。

**受眾是實際決定傳播活動能否成功的人。**

——美國消費行為學家威廉．威爾姆

# 即溶咖啡突圍——資訊傳播功能

**商業廣告把有關生產方面的資訊傳遞給消費者，向消費者提供商品或勞務資訊，這就是廣告的資訊傳播功能。**

20世紀40年代，即溶咖啡剛剛上市時，美國的家庭主婦並不喜歡購買，她們聲稱：「即溶咖啡的味道不好，比起用咖啡豆煮出來的咖啡差遠了。」在這些言論影響下，即溶咖啡的銷售情況可想而知。一時間，生產即溶咖啡的公司陷入進退兩難之地，不知道是否還要繼續生產下去？

面對這種狀況，有家生產即溶咖啡的公司決心進行調查研究，看看人們到底是不是真的不喜歡即溶咖啡？或者即溶咖啡的口味真的不如用咖啡豆煮出來的咖啡？調查開始了，他們隨機訪問了多位家庭主婦，讓她們在不知情的情況下，現場品嚐即溶咖啡和煮出來的咖啡，結果顯示，兩種咖啡的口感差不多，並非家庭主婦們認為的那樣相差明顯。那

麼，是什麼原因導致主婦們不喜歡即溶咖啡呢？對於這個問題，公司從那些接受過品嚐試驗的主婦們那裡獲得了答案，有人說：「坐在家裡煮咖啡，是一個非常溫馨的時刻，如果客人來了，親自為他們煮一杯熱騰騰的咖啡，顯示出我的好客之意。相反，如果客人來了，匆匆忙忙為他泡一杯即溶咖啡，肯定給人敷衍了事之感。」有人說：「煮咖啡可是傳統的手藝，人們都說，哪家主婦煮的咖啡好，她維持的家務也一定不錯，受到全家人尊重。現在，有了即溶咖啡，誰都可以隨時泡上一杯，哪裡還有主婦的事？這樣的話，主婦在家裡不就失去地位了嗎？」

這些說法反映到公司後，立即引起了生產廠商關注。他們意識到，問題的癥結找到了。原來，自從即溶咖啡上市以來，為了促銷，各個生產廠商相繼推出廣告，著重宣傳即溶咖啡味道好、品質高，吸引人們購買。現在看來，想要讓即溶咖啡突圍而出，宣傳的重點並不是味道和品質，它必須有自己的特色才能突破眼下困境。

對於這種結果，有些生產廠商率先行動，委託廣告公司設計了一連串凸顯即溶咖啡特色的廣告。這些廣告一改以前宣傳即溶咖啡味道好的模式，而是抓住了即溶咖啡最突出的一點，那就是節約時間。廣告中一再強調，現代社會時間寶貴，節約時間就是創造財富，與其坐等煮咖啡，不如來一杯快捷方便、口味一樣的即溶咖啡。只有即溶咖啡才適應時代節奏和人們需求。

在這類廣告影響下，人們逐漸轉變了原先的看法，他們開始接受這種新型飲料，並出現購買即溶咖啡的熱潮。經過一段時間飲用後，即溶咖啡逐步取代煮咖啡，走上了咖啡銷售的主要地位。

從抵制到接受，從反對到喜歡，即溶咖啡逐步進入尋常百姓家，成為人們日常飲用品之一。在這一轉變中，廣告起了巨大的作用，廣告的資訊傳播功能得到充分體現，下面，我們就來看一看什麼是廣告的資訊傳播功能？

商業廣告把有關生產方面的資訊傳遞給消費者，向消費者提供商品或勞務資訊，這就是廣告的資訊傳播功能。這種功能不是單向的，而是一個循環往復的過程。現代社會商品的流向是正反兩個方面同時進行的，一方面，生產者從消費市場得到消費者的需求資訊，另一方面，他們要把產品資訊傳遞給消費者，如此周而復始，循環不已。

商品流通是一個複雜的過程，在這個過程中，廣告活動可以透過正確的市場調查、科學的預測為生產及消費提供依據，減少盲目生長，刺激正常消費，在一定程度上促使商品經濟繁榮。

**給小孩看的廣告，成人不喜歡有什麼關係？給女人看的廣告，男人不喜歡有什麼關係？給農民看的廣告，城裡人不喜歡有什麼關係？給通俗的人看的廣告，高雅之士不喜歡有什麼關係？給外行看的廣告，內行不喜歡又有什麼關係？界定目標受眾是創作任何一則廣告必不可少的一個步驟，而廣告最重要的就是取悅這些人，而不是所有人。**

——廣告策劃人葉茂中：《創意就是權力》

# 「賣火柴的小男孩」的成長史——指導消費

**廣告透過對商品資訊的有效傳播，向消費者介紹商品的廠牌、商標、性能、規格、用途、特點、價格，以及如何使用、保養和各項商業服務措施，這實際上是在幫助消費者提高對商品的認知程度，指導消費者如何購買商品。**

1926年，在瑞典南部的斯馬蘭誕生了一位男嬰，家人為他取名英格瓦·坎普拉德。和當地所有男孩一樣，英格瓦健康快樂地成長著，轉眼間十幾年過去了，他很快成長為翩翩少年郎。與其他年輕男孩不同的是，他特別喜歡做生意，雖說年紀不大，卻有一套很有用的生意經。他發現從斯德哥爾摩批發火柴，價格非常便宜，然後再以很低的價格零售，就能賺到不小的利潤，於是，他經常騎著自行車，向鄰居們推銷火柴。

很快，英格瓦透過自己辛勤的勞動賺取了第一筆「財富」，他非常高興，立志說：「我要開辦自己的公司。」這句話從一個十幾歲的少年嘴裡聽到似乎有些不可思議，但他努力奮鬥著，一點也不懈怠。不久，他的生意範圍不斷擴大，除了火柴，他開始賣魚、種子、鉛筆等各種商品。

1943年，英格瓦中學畢業，他父親送給了他一份特殊禮物，幫助他創建了自己的公司。英格瓦非常激動，為公司取名IKEA（宜家），IK代表的是英格瓦姓名的首寫字母，E代表的是他所在農場（Elmtaryd）的第一個字母，A代表的是他所在村莊

（Agunnaryd）的第一個字母。儘管他對自己的公司寄予無限希望，可是他也許沒有想到，幾十年後，這家公司將會享譽全球，成為世界上優秀的跨國公司之一。

創業之初，英格瓦全力以赴，經營他所能想到的任何低價產品——鋼筆、畫框、尼龍襪、手錶……他眼光敏銳，很快發現了廣告的巨大作用，於是，1945年，他首次在報紙上登廣告進行宣傳活動。同時，英格瓦發現了一個非常獨特的廣告傳播方式——製作函購目錄，將目錄送到消費者手中，這可以幫助消費者更方便更快捷地選擇產品。

在他的努力下，公司營運良好，銷售量大增，外地客戶不斷增加。怎麼樣將產品送到他們手裡呢？這難不倒聰明機智的英格瓦，他利用當地的收奶車將產品送到鄰近的火車站，進行分銷活動。

英格瓦獨特而靈活的銷售吸引了人們注意，不少廠商主動上門，請他代理銷售產品。1947年，他大膽地引進了家具產品，這些產品都是當地生產商生產，品質上乘，價格實惠，一經推出，大受歡迎，銷售量持續上揚。英格瓦趁勝追擊，增加了家具產品種類，公司利潤猛增。

1951年，英格瓦看到了成為大規模家具供應商的機會，停止了生產所有其他產品，集中力量生產低價格的家具，從此，人們今天熟知的宜家家具誕生了。英格瓦堅持自己的銷售策略，親自製作了第一本家具產品目錄，向人們介紹自己的產品，指導他們消費。

這樣，宜家產生了自己最知名的特色——他們的每一套產品都有詳細的導購目錄，告知消費者產品的尺寸、材料、設計、保養、安裝程序等，讓顧客自己決策、自行提貨、自行組裝，一方面提高了顧客對宜家家居設計的理解，另一方面也節約了成本。

從最早的函購目錄，到後來向鎖定消費群發送目錄手冊，英格瓦創立了一套廉價有效的廣告宣傳辦法，這個辦法遠比在大眾媒介上播放廣告有用，所以沿用至今，成為宜家文化的一部分，也為眾多廠商爭相模仿。

宜家的產品目錄，實質是一種直接投遞式的廣告形式。透過這種方法，他們幫助消費者提高了對商品的認知程度，指導消費者如何購買商品，體現了廣告的指導消費功能。

首先，廣告可以指導消費者瞭解產品。認識商品是購買產品的前提，廣告可以針對消費者已存在的需求，向消費者提供某一特定產品的品牌、品質、價格、銷售地點、配套服務等有關商業資訊，提高消費者對商品的認知程度，以指導消費者的購買行為。

其次，廣告還可以刺激消費需求。連續不斷的廣告是對消費者的消費興趣和欲求不斷刺激的過程。這包括兩方面內容，一是初級刺激，一是選擇性刺激。前者指對某類商品的需求。這體現在很多新產品上市後的廣告；後者是指對特定品牌的需求，這是初級需求的進一步發展。

最後，廣告還有創造流行時尚的作用。消費者的消費習慣，會受到廣告的影響而改變，接受新的消費觀念。

總之，廣告的消費指導作用，為人們提供了豐富的商品資訊，進而使人們及時購買到自己所需要的商品或勞務，為廣大消費者的生活提供了方便。

**1970年，兩個來自伊拉克的兄弟摩理士．薩奇（Maurice Saatchi）和查理士．薩奇（Charles Saatchi）在倫敦創辦了一家廣告公司，名為Saatchi & Saatchi（薩奇，或稱盛世）。1975年成為上市公司，1982年與當時最大的廣告集團Compton Company合併成為Saatchi & Compton盛世國際有限公司。目前的營業額逾630億美元，世界排名前25位的廣告主中有20家是盛世的客戶。**

# 飯店前的奇特牌子——經營與管理

**廣告對企業的促進作用，首先在於促進產品品質的提高。**

約翰手中有一筆閒置資金，於是打算做點投資，想來想去，他打算做飯店生意。可是他找到的地點附近飯店很多，三步一個大飯店，兩步一個小飯店，大家你爭我奪，競爭非常激烈，想要立足實屬不易。於是他遲遲疑疑，拿不定該不該投資做生意。

這天，他的一位好友找上門來，向他獻計說：「我有辦法讓你的飯店生意興隆。」說著，對他俯耳說了自己的計謀。

約翰一聽，覺得可行，兩人立刻開始合作。不久，飯店開張，整個飯店看上去整潔乾淨，卻不豪華奢侈。但與其他飯店不同的是，他們既沒有隆重的開幕儀式，也沒有做其他宣傳活動。最為重要的是，飯店門口立了一個大牌子，上面清清楚楚寫著一行大字：凡來店用餐者，對本店的服務態度、衛生、飯菜的品質等提出一個意見者，獎勵50元；對本店一切滿意者（指提不出任何意見者），交款1元。

結果，這個牌子吸引了很多顧客，他們出於好奇，紛紛進店吃飯。第一個月，飯店光意見費就支付了800元。可是，老闆和工作人員很高興，他們認為這些意見不僅可以促進他們改進品質，更證明人們對飯店的關注。第二個月，他們大力改善品

質、服務態度、衛生等幾個方面。月底一算，滿意款竟達560元。前來用餐的顧客說：「吃得高興放心，多花一元也值得。」

就這樣，飯店生意一路攀升，很快，就發展成為當地最大、最高級的飯店。

這家飯店之所以成功，在於他們充分地利用了廣告的鼓勵競爭、促進生產經營與管理的功能。

廣告傳播是一項訴求性活動，需要對消費者進行說服。所以，每一次廣告宣傳，都不可避免地宣傳產品的生產廠商、品牌、商標等，強調產品的優點和優於同類產品之處，激發消費者的注意和興趣。這就使得廣告傳播成為企業之間競爭的手段，為了更好地銷售和宣傳產品，企業就會不斷提高品質，改善經營管理。因此，我們說廣告具有鼓勵競爭、促進生產經營與管理的功能，這種功能體現在以下幾個方面：

1、促進產品品質提高。透過廣告傳播，消費者可以對不同企業的同一產品進行比較，進而確定是否購買，這就加大了企業競爭。為了更好、更多地銷售產品，企業必須努力提高產品品質，開發新產品，這樣才能保持競爭實力。

2、促進企業擴大生產規模，提高生產能力。要提高產品品質，開發新產品，獲取更大經濟利益，就必須擴大生產，提高生產能力。產品在市場立足，並不意味著企業取得了最佳的經濟效益，只有當企業達到規模經營，投入與產出比率相對穩定時，企業才處於合理發展狀態。

3、促進企業改善經營管理。為了提高產品競爭力，就必須使產品有一個合理的競爭價格，而要達到這一點，唯一的可行途徑是透過改善企業的經營管理來降低商品的生產和流通成本。這樣，廣告宣傳的競爭，就成了促進企業改善經營管理的有效手段。

**伯恩巴克（1911年～1982年）畢業於紐約大學英國文學系，曾專為社會名流起草演講稿，其優美的文筆頗獲好評，後進入廣告公司，曾在格雷（Grey）廣告公司任創意總監。1949年，他與道爾（N · Doyle）及戴恩（M · Dane）創辦Doyle Dane Bernbach廣告公司（又稱DDB，即恆美），任總經理。1967年，接任董事長，後又任執行主席。**

# 採花姑娘——廣告分類

**根據不同的需要和標準，可以將廣告劃分為不同的類別。如商業廣告和非商業廣告；產品導入期廣告、產品成長期廣告、產品成熟期廣告、產品衰退期廣告；經濟廣告、文化廣告、社會廣告等。**

威廉・伯恩巴克是一位廣告大師，1964年，美國大選之際，他設計了一則廣告，這則名為「採花姑娘」，聽起來十分溫和，實際上卻極具震撼力，成為了廣告史上的經典之作。

當時，詹森和戈德華特競選總統，雙方競爭非常激烈，各自亮出觀點，互不相讓。而戈德華特的拿手好戲是核威懾論，他認為只要發展核事業，美國就會保住超級大國的地位，美國人民就會永遠過著好日子。

針對這一點，不少人持反對意見。威廉・伯恩巴克也是一位核威懾論的反對者，他認為核威懾論將會導致世界危機，是危險的言論。因此，他十分渴望戈得華特落選。基於這種想法，他創意設計了「採花姑娘」的廣告，情節如下：

湛藍的天空下，碧綠的草地上，一位天真可愛的小姑娘正在野外採花，她哼著動聽的歌謠，十分愜意自得。突然，刺耳的音樂響起，一個男人低沉的聲音傳來，他在倒數著，就像導彈發射前的情景一樣。這時，小姑娘卻毫不知情，她正在認真地數著手裡的花朵，1、2、3……，伴隨著男人的倒數聲，數到「1」時，發出了一聲驚天動地的巨響，接著，一團蕈狀雲升起，吞沒了眼前的一切。

小姑娘不見了，鮮花、草地灰飛煙滅。

廣告在電視上播出後，產生了令人震撼的效果，無數人表現出對核武器的恐懼和厭惡之情。隨之，他們意識到一個問題，如果戈德華特當選，美國將會有無數無辜的兒童成為核污染的犧牲品。就這樣，這則廣告雖然沒有明說什麼，卻以隱喻手法向世人宣稱：不要支持戈德華特。這無疑為詹森最終贏得總統席位產生了推進的作用。

無獨有偶，2004年，又逢美國大選。這次競選中，競爭雙方也展開了一次類似活動。這次廣告名為「100天」，可看做是布希向對手克里做出的致命一擊：

廣告中列舉了克里一旦贏得大選可能出現的兩大「執政錯誤」：

第一，克里在上任的100天內至少會多收取9000億美元的稅收；

第二，克里在對待恐怖主義、保護美國安全方面優柔寡斷，必定會削弱《愛國者法案》的效力，因為克里堅持在得到聯合國同意後才採取行動。

為了強化效果，整個廣告營造的氛圍相當可怕，有人帶著防毒面具，有人在黑暗中倉惶奔跑，似乎世界末日到了。而且，配音人員的語調也極其沉重，他們說道：「克里，錯在稅收；錯在國防。」

試想一下，稅收和國防出錯，一個國家靠什麼維持？所以，這則廣告有力地打擊了克里，為布希當選做出了很大貢獻。

上述兩則廣告沒有明顯的經濟目的，但卻帶來另一項利益，這就是政治利益。因此，這樣的廣告被稱作政治廣告，它也屬於廣告的一種。簡而言之，廣告有以下這些分類：

1．按照廣告訴求方式分類，可分為理性訴求廣告和感性訴求廣告兩類。

2．按照廣告媒介的使用分類，可分為印刷媒介廣告、電子媒介廣告、戶外媒介廣告、直郵廣告、銷售現場廣告、數位互聯媒介廣告、其他媒介廣告七種。

3．按照廣告目的分類，可分為產品廣告、企業廣告、品牌廣告、觀念廣告。

4．按照廣告傳播區域分類，可分為全國性廣告、區域性廣告。

5．按照廣告的傳播對象劃分，可分為工業企業廣告、經銷商廣告、消費者廣告、專業廣告等類別。

總之，不同的標準和角度有不同的分類方法，對廣告類別的劃分並沒有絕對的界限。在實際廣告傳播過程中，只有根據實際情況，結合相應媒介，制訂有效策略，才能充分發揮廣告的效能。

**許舜英：臺灣意識形態廣告公司的總經理、執行創意總監。曾經服務過的客戶有中興百貨、中國時報、東芝家電、倩碧護膚品、司迪麥口香糖、味丹企業等。其作品屢獲龍璽大獎、中國時報華文廣告獎、自由創意2000、亞太廣告節等大獎。根據臺灣有關方面的調查，在2000年大眾傳播系畢業生最受歡迎的華人廣告創意人中，年輕的許舜英排名第四，僅次於孫大偉、靳埭強和范可欽。**

# 買櫝還珠——包裝廣告

**優良的包裝有助於商品的陳列展銷，有利於消費者識別選購，並激發消費者的購買欲望。因而包裝設計也被稱為「產品推銷設計」。**

《韓非子・外儲說左上》記載了一個非常有名的故事——《買櫝還珠》，書中這樣寫道：「楚人有賣其珠于鄭者，為木蘭之櫃，薰以桂椒，綴以玉珠，飾以玫瑰，輯以羽翠，鄭人買其櫝而還其珠。此可謂善賣櫝矣。」

故事的大意是：春秋時代，楚國有一個商人，專門做珠寶生意。有一次，他到鄭國去兜售珠寶，其中的一顆明珠尤為珍貴，為了將這枚明珠賣得一個好價錢，他特地用名貴的木蘭打製成一個精美的雕花盒子，並且用珠寶、玫瑰寶石、翡翠等雕刻裝飾，使盒子顯得美觀華麗，精緻大方。然後，他又用桂椒薰製，使盒子能夠散發出一種迷人的香味。最後，他把要賣的珠寶放進盒子裡，拿到集市上去賣。

一個鄭國人見到精美珠匣，二話沒說，當即用高價買下，隨後打開盒子，取出裡面的明珠退還給楚國珠寶商，帶著木匣高興地離去了，只留下楚國商人目瞪口呆的留在原地。

這個小故事意味深長，耐人尋味，為我們留下了「買櫝還珠」的成語，而在國外，也曾發生了這樣一件事：

威斯康辛州有一個生產乳製品的公司，他們生產了一種新產品，請某廣告公司為其設計了一個新包裝。因為這款產品是根據正宗義大利配方，在威斯康辛州生產的，所以，該廣告公司在策劃包裝文案時，為了強調該產品的義大利風味，建議公司為這個產品起一個義大利味道的名字「Buono」，並在果凍包裝的顯要位置使用了義大利國旗。

乳製品公司接受了廣告公司建議，在產品標籤中印刷上英文和義大利語，在包裝盒上的產品名稱下面，設計了一句廣告詞——「正宗義大利果凍」。這款產品上市後，銷售情況很好，一個月內即在中西部三個州打破了該公司的銷售紀錄。

可是，好景不長，產品問世不久，該公司遭到競爭廠商投訴，起訴他的產品包裝嚴重誤導消費者，使人誤以為果凍產於義大利，是義大利產品。

法院經過認真調查核實，最後認為果凍包裝的確構成虛假廣告宣傳，責令該公司修改了包裝中的文字，去掉義大利國旗以及標籤中的義大利語字樣。

上面的故事都涉及到一個話題，這就是產品包裝。第一個故事中，楚國人精心設計的珠匣是一個包裝廣告。不論到了今天「買櫝還珠」是什麼意思，但楚國人的包裝無疑是大獲成功的。而第二個更是因為包裝贏得了暢銷，也因為包裝遭到了投訴。

從這兩個故事中，我們不僅看到了包裝的重要性，也認識到不管包裝多麼精美，最後還要歸結到其中的商品上，這也是幾千年來人們對於楚國商人褒貶不一的關鍵所在，這也是乳製品公司最終敗訴的原因。那麼，包裝廣告究竟需要如何進行呢？

首先需要明白的是，商品的包裝是什麼？簡單地說，包裝是企業宣傳產品、推銷產品的重要策略之一。精明的廠商在包裝上印上簡單的產品介紹，就成了包裝廣告。這種方法利用包裝商品的紙、盒、罐子，介紹商品的內容，不僅可以讓人產生親切感，包裝隨著商品進入消費者家庭，影響力又比較持久。同時，廣告費用成為包裝費用的一部分，既方便又省錢。

包裝廣告通常都具備以下特點：一，設計美感大方。形象、文字、構圖、色彩完美統一，表現方式簡潔、明快、突出；二，文字清晰易讀。商品包裝上說明，包括商品的功能，特點、開包方法、注意事項等、用簡明的文字表達出來；三，商標圖形獨特醒目。好的商標一看就會給顧客留下深刻的印象；四，位置顯眼；五，造型結構科學合理。

**「全球化思考，本土化執行。」（Think Globaly, Act Locally）**

——達彼斯廣告公司（Ted Bates）

# 安琪爾，加西亞酒吧見——戶外廣告

**戶外媒介廣告，是利用路牌、交通工具、霓虹燈等戶外媒介所做的廣告，以及利用熱氣球、飛艇甚至雲層等做為媒介的空中廣告等。**

克勞利·韋伯廣告公司座落在加西亞酒吧旁邊，兩家公司的老闆非常熟悉。一天，加西亞酒吧老闆找到克勞利，向他訴苦說：「有人要在湖邊開酒吧，這樣肯定會衝擊我的生意。唉，要是我開一家連鎖店，就可以打消那些好事人的念頭了。」

克勞利說：「你為什麼不開呢？你的生意還可以，完全有能力開連鎖店。」

飯店老闆說：「是，我也想到了，可……可是，不知道會不會賺錢？要是生意不好，就要連累我現在的生意。」

聽他顧慮重重，克勞利沒說什麼。

過了幾天，飯店老闆再次向他提起這件事，並且說：「你經營廣告，能不能為我設計一個廣告，既要不同尋常，能吸引顧客，又不要花太多錢，預算不要超過2萬。這樣的話，我就有把握開連鎖店了。」

克勞利聽了，點著頭說：「放心吧，我可以為你創作這樣的廣告。」

幾天後，廣告方案設計好了，克勞利將它拿給酒吧老闆，向他詳細說明了整個計畫。老闆邊聽邊點頭，不住地說：「好，好。」於是，他們按照計畫開始行動。

星期一到了，這天早晨，同往常一樣，不少人騎車去上班，突然發現路邊多了一塊路牌。路牌顏色鮮亮，上面寫著幾個白色大字：「穿紅衣服的安琪爾：加西亞愛爾蘭酒吧一見。希望見到妳——威廉。」

看上去像是青年男女之間的約會，不少人發出會心的一笑，轉身走了。可是，大出人們意料的是，這塊路牌天天樹立在此，而且每天都變換不同的內容。一次比一次更加浪漫，更加急不可待。「穿紅衣服的安琪爾：我仍在等待，加西亞酒吧，星期五，好嗎？——威廉。」「穿紅衣服的安琪爾：為了這些路牌，我快一個子兒都沒有啦，加西亞，……求妳啦！——威廉。」這下，人們再也無法漠視它的存在了，許多的人們開始湧向加西亞，尋找路牌上的安琪兒和威廉，想看一看這到底是兩個什麼樣的人物。

9個星期過去了，在等待和盼望中，人們無數次踏進加西亞，無數次議論安琪兒和威廉的故事，可是始終沒有得到答案。終於有一天，路牌向人們揭開了答案：「親愛的威廉：我肯定是瘋了。加西亞見，星期五，8：30——安琪爾。」

結果，到了星期五晚上，加西亞酒吧爆滿，人們都在熱切的期待著安琪爾和威廉的出現。酒吧不得不雇請了兩名模特兒來扮演威廉和安琪爾。啊，威廉終於找到了安琪兒，一段美好的愛情故事在人們的見證中得以圓滿，這是多麼令人激動的時刻，他們唱啊，跳啊，為安琪爾和威廉祝福。

事情沒有到此結束，第二個星期，最後的一塊路牌出現了：「安琪爾：謝謝週五加西亞一見，我高興死了——愛你的，威廉。」

至此，克勞利為酒吧老闆設計的廣告活動宣告結束。透過這次活動，加西亞名聲大振，收入驟增，克勞利·韋伯公司也向加西亞和全世界證明，在廣告投入不多的情況下，只要有想像力，戶外廣告完全可以成為理想的媒介，取得良好的效果。

戶外廣告是綜合廣告媒介之一，常見的有以下幾種：路邊看板、高立柱看板、燈箱、霓虹燈看板、LED看板、戶外電視牆等，現在不少商家還利用升空氣球、飛艇等先進的戶外廣告形式。

戶外廣告通常有兩個特點：預算不高和創意獨特而富有趣味。這就要求在戶外廣告前，一定要設定基本的方針創意，比如採用優美的色彩，悅人的基調等，往往能對消費者產生扣人心弦、加強印象的效果。

目前，隨著科學技術迅猛發展，戶外廣告也引用了不少新材料、新技術、新設備，設計和製作越來越精良，逐步成為美化城市的一種藝術品，因此，不少城市把它當作經濟發展程度的標誌之一。

**我發現最好的性廣告資訊是那些帶來破壞期望的手法，即先用性把你誘入，但廣告實際的內容卻非你所想。這種惡作劇式的驚喜會轉變成對產品本身的一種美好感覺。**

——美國BBDO廣告公司的首席執行官比爾·凱茲如是說

# 以假亂真——廣告訴求

**感性訴求廣告是直接訴諸於消費者的情感、情緒的資訊表達方式。廣告採取感性的說服方式，使消費者對廣告產品產生好感，進而購買使用。**

一家三代生活在一起，爸爸媽媽上班去了，不足半歲的孩子由爺爺看護。對於一位老年男子來說，看孩子可不是件輕鬆事，但他別無選擇。

這天，年輕的父母上班去了，小小的嬰兒躺在爺爺懷裡，香甜地熟睡著。爺爺看看孩子，覺得他一定睡的十分踏實了，於是拿起身邊的遙控器，準備看會兒電視放鬆一下。

手指一摁，電視裡正在播放摔跤比賽，激烈的打鬥場面配合緊張刺激的喊叫聲，頓時使得屋內一震。嬰兒毫不留情地哇哇大哭起來。

爺爺手忙腳亂，連忙把孩子放進嬰兒床，邊搖晃邊說：「寶寶，別著急，爸爸媽媽就回來了。」可是一點效果都沒有，孩子哭個不停。

爺爺想了很多辦法哄孩子，都無濟於事。

突然，爺爺眼前一亮，有了主張，他快速地翻出一張全家合影，用電腦和693C型桌面噴墨印表機打出一張嬰兒母親的放大圖片，將它掛在了自己臉上。

嬰兒看到母親的照片，一下子就安靜下來，再次熟睡了。這時，一隻狗進入房間，爺爺忙把食指放在嬰兒「母親」嘴唇前，示意狗不要出聲。

這便是惠普公司的噴墨印表機廣告了。隨著故事結束，電視上推出這樣的字幕及廣告語：「惠普圖片高品質印表機，能夠以假亂真。」「專家研製，人人可用。」

不用說，這則還曾在戛納廣告節上播出的廣告打動了億萬人們的心。它擺脫了以往科技產品常走的老路──進行理性訴求，而是透過輕鬆自然的生活片段展示產品的優勢。人們在欣賞廣告過程中，跟著爺爺一起著急想辦法，直到問題解決，才鬆了一口氣，這樣，商品的特點、性能、品質、效果就非常牢固地記錄到人們腦海中。更具有感性化的場面是狗的進入，這既可以增加故事的生活性，又能增強人們的記憶力。

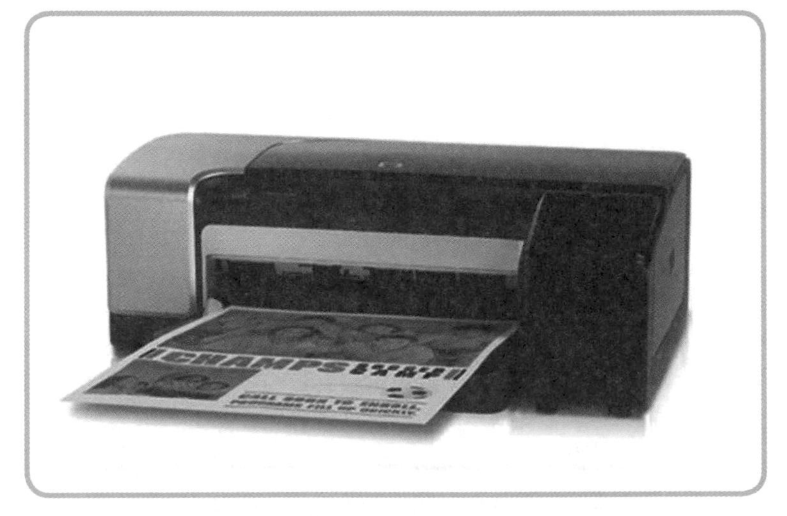


惠普公司一反常態，在科技產品推銷中利用感性訴求廣告取得成功，充分展示了感性訴求廣告的巨大魅力。因此，廣告大獲成功，惠普印表機深入人心。

訴求方式就是表現策略，在廣告傳播中，訴求方式就是解決廣告如何表達的方式，即「怎麼說」的問題。其中包含著兩方面內容，一是「對誰說」，二是「說什麼」。適當的表達方式可以激發消費者的潛在需要，促使其產生相應的行為，以取得廣告者所預期的效果。

通常來說，訴求方式分為理性訴求廣告和感性訴求廣告兩種。在感性訴求廣告中傳遞的是軟資訊。進行感性訴求廣告時，通常都會營造理想化的故事情節和畫面，刺激公眾的感官系統，引導公眾進入一種浪漫化的境界。而且，表述語言充滿刺激性和鼓動性，能夠影響公眾的聯想心理和夢幻心理，特別對青少年，很容易產生強烈的影響力。在實際操作中，日用品廣告、食品廣告、公益廣告多熱衷於此類內容。

**有多少廣告能把鋼琴描繪得生動無比，引得讀者能聽到？有多少食品在廣告中能被描繪得竟然令讀者能夠品嚐到它的滋味？有多少廣告把香水描述得竟然能使消費者聞到它？有多少人能把一件睡衣描繪得能令讀者感受到它與身體接觸時的那種快感？**

──瓦爾特・蒂爾・斯各特（Walter. Dill. Scott）教授在其著作《廣告心理學》（1908年）中，質疑那種只是描述產品本身的廣告，宣導廣告中應強調產品給購物者帶來的感受和喜悅。

# 「讓天空成為地球上最好的地方」——品牌廣告

**品牌廣告，是以樹立產品的品牌形象，提高品牌的市場佔有率為直接目的，突出傳播品牌的個性以塑造品牌的良好形象的廣告。**

提起法國，給人的印象總是優雅、精緻和高尚品味等，而這一形象的確立，在某些方面也要歸功於他們國家的產品及品牌廣告，下面這個就是法國航空公司的故事：

20世紀80年代以後，隨著科技的發展，航空業務競爭激烈，這時，法航開始推出精緻的服務，力圖在競爭中保持優勢。可是，這些服務只能體現在具體的航行中，怎麼樣才能將自己的特點傳給全世界的消費者呢？

法航主動與廣告公司聯繫，希望他們給出高超的計策。這家公司叫靈智大洋廣告（RSCG），是法國最大的廣告公司之一，他們立刻展開了市場背景調查，了解法航的市場定位、競爭者情況以及品牌優勢等。在全面瞭解這些內容的基礎上，他們發現：多年以來，各國航空公司幾乎沒有什麼行銷和宣傳，公司形象也就是國家特色，比如瑞士航空的準時、德國漢莎航空的技術、法國航空的美食和漂亮空姐等。看來，要想突破以前航空公司給人們的印象，必須打造品牌，在各國特色基礎上，營建屬於自己的特色。

於是，廣告公司向法航建議，提出了一個大膽的廣告主題：讓天空成為地球上最好的地方。這是關係重大的提議，法航和廣告公司開始認真設計、規劃和實施。經過艱苦努力，1999年，這則廣告終於與大眾見面了。

畫面上是名模斯蒂芬・克萊恩（Steven Klein）手持化妝鏡背對鏡頭，鏡子中映出她面向藍天的美麗面容和溫和的眼神，她正注視著天空中飛過的一架法航客機，藍天上浮現出一行小字——「讓天空成為地球上最美的地方」。

這則廣告一下子吸引了人們的目光。接著，他們推出系列廣告。在這些廣告中，無一例外都是藍色的天空，有時天空甚至佔據約2/3的畫面；當然，有時候藍天之上飄著朵朵棉絮般的白雲，但總是法航的飛機從中飛過；另外，廣告中總會出現一些迷人的姑娘，她們配合著畫面展現出優美的姿態，顯示出「讓天空成為地球上最美的地方」這句話的深切含意。系列廣告充滿了法國航空獨有的美感和浪漫的詩意，同時準確表達了法航的訴求，獲得巨大迴響。

這樣，法航終於打造了屬於自己的品牌形象，讓人們看見了一家在天空上進行寫意心情和提供精心服務的企業。「法國格調」的廣告，讓人們感覺到法航的浪漫與人本精神，徹底改變了以前人們對法航的舊印象。

法航不遺餘力打造品牌形象，體現了他們對於品牌的追求和敏銳眼光。人們預測，在未來的市場上，廣告主的利潤將主要依賴成功的品牌形象。

所謂品牌形象，就是消費者對該品牌具有的全部聯想，或者說消費者一想起該品牌就會想到的東西。其特點是不直接介紹產品，而是以品牌做為傳播的重心，從而為鋪設經銷管道、促進該品牌下的產品的銷售產生很好的配合作用。所以，品牌形象內容非常複雜，對於消費者和商家來說，都是至關重要的。比如品牌形象有助於區分、銷售產品；品牌形象是長久的，不能仿造的；品牌形象是品牌資產的一個重要部分；品牌形象成為消費者品牌選擇的重要標準等等。

實踐證明，品牌廣告不僅有利於商品的銷售，而且對商家提高自身的社會地位、為商家快速發展、在社會事務中發揮自己的影響力、招聘人才等多方面多有極大的促進作用。

**靈智環球廣告集團：全世界最大的廣告集團之一，在全世界65個國家有140個廣告公司，員工超過7000名，分佈在歐洲、拉丁美洲、亞太區和印度、中亞等地。它是Havas廣告集團的一部分。Havas集團是全世界第八大傳播集團。**

# 懷孕的男人——公益廣告

**公益廣告亦稱公德廣告或公共服務廣告，是以為公眾謀利益和提高福利待遇為目的而設計的廣告。**

20世紀70年代，英國流產的比例開始節節攀升，頻繁的流產行為嚴重傷害到了婦女們的身心健康，有鑒於此，一個名為家庭計畫指導會的組織，決定推出一連串活動，宣傳計畫生育。

怎麼樣能夠吸引人們注意，讓人們認識到問題的嚴重性呢？

組織人員找到當地的薩奇廣告公司，請他們設計製作一張宣傳海報。

廣告人員接到任務，立即投入到緊張的設計中，他們清楚，這是一則公益廣告，與商業廣告不同，既不側重於商品，也不側重於商家，而是側重效果，只有人們注意到廣告，並從廣告中深切體會到其中內容，進而採取一定行為，這才達到目的。

在這種思想指導下，宣傳海報設計出來了。當廣告人員把海報拿給組織人員時，他們無不拍手稱好，覺得這個海報一定會一舉成功。

果然，海報貼出後，一下子吸引了全英國人，引起強烈迴響。只要看到海報的人，都記住了海報的內容，而且不由自主地產生了很多想法。這張海報究竟是什麼內容呢？

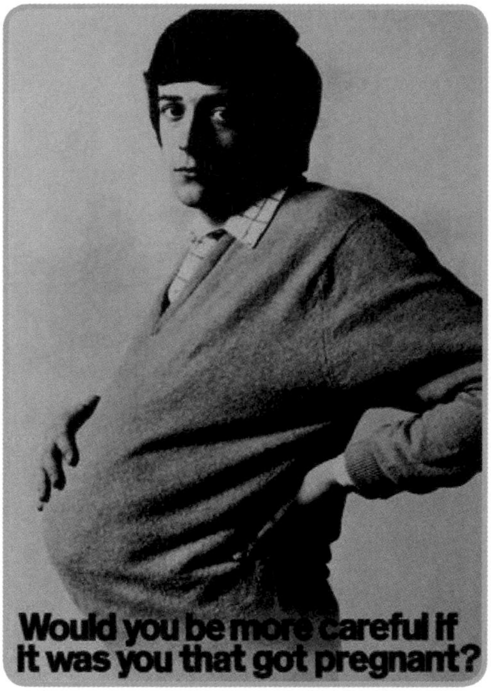

原來，海報設計者一反傳統觀念，沒有從女性角度談論問題，而是在海報上畫了一位男士，這位男士左手撐腰，右手摸著大肚子，十足像個懷孕的婦女。廣告詞是：「假如懷孕者是你，你是否會更謹慎？」（Would you be more careful if it was you that got pregnant？）內文則寫著「避孕是生活中重要事之一，家庭計畫協會忠告每一位已婚和未婚者。」

這則公益廣告畫面幽默，意味深長，而且突破傳統，既宣傳了計畫生育，讓男性開始認真考慮起避孕的重要性，又挑戰了傳統的大男人主義，真是一舉兩得，十分成功。

公益廣告亦稱公德廣告或公共服務廣告，是以為公眾謀利益和提高福利待遇為目的而設計的廣告，是企業或社會團體向消費者闡明它對社會的功能和責任，表明自己追求的不僅僅是從經營中獲利，而是過問和參與如何解決社會問題和環境問題這一意圖的廣告。所以，此類廣告不以盈利為目的，而以為社會公眾切身利益和社會風尚服務。

公益廣告最早出現在20世紀40年代初的美國，亦稱公共服務廣告、公德廣告。公益廣告具有社會的效益性、主題的現實性和表現的號召性三大特點。與通常廣告的不同之處主要表現在以下三方面：

1、公益廣告的「廣告主」多為政府部門、專業協會、社會保護組織、各種基金會等，有時也包含一些經濟實力雄厚的企業和廣告公司。

2、公益廣告的主題內容是老百姓的日常生活。它透過運用創意獨特、內涵深刻、藝術製作等廣告手段，用不可更改的方式、鮮明的立場及健康的方法來正確誘導社會公眾。

3、公益廣告的訴求對象最廣泛。它是面向全體社會公眾的一種資訊傳播方式。例如提倡戒菸、戒毒的公益廣告，不僅針對吸菸、吸毒者，也針對菸、毒的危害傷及到的其他人，因此，這則廣告是社會性的，是整個人類的。

**正確地看，廣告絕對與人有關。是如何使用文字與圖片去說服人們做事，去感受事物與相信事物。而人又是不可思議的、瘋狂的、理性的與非理性的各色雜陳。廣告也涉及人們的欲求、人們的希望、人們的口味、人們的癖好、人們的渴望，以及風俗與禁忌。或者以學術的語言講，就是涉及哲學、人類學、社會學、心理學以及經濟學。**

——美國著名廣告人詹姆斯．韋伯．揚：《怎樣成為廣告人》，1962年

# 「臉孔」篇——勞務廣告

**勞務廣告是服務性企業所做的，以提供勞務服務為內容的廣告。**

1982年，英國航空公司調查顯示，人們對它的服務品質普遍存在著意見，對此，他們推出了一個「曼哈頓登陸」的廣告戰役，目的是樹立英航新的主題航線以及給消費者留下規模、資歷和國際化等品牌印象。這個廣告戰役取得了一定成效，但是沒有達到預期的效果。於是，從1985年開始，英航轉變了戰術，從形象塑造轉為更實際的廣告，主要面對商務旅客，開始追求新的服務設計。新的廣告口號是「超值關心您」、「助您順抵商務目標」。令人不解的是，這些積極的舉措並沒有幫助英航找到一個徹底解決品牌印象的辦法。

1989年，英航在總結前兩次經驗的基礎上，創作了一則令人印象深刻的廣告片，那就是著名的「臉孔」篇。這則廣告推出後，引起強烈迴響，為英航帶來了可觀的受益，說起它的產生，還有著一段漫長的故事。

英航在多次調查當中，發現旅客需要更多溫暖和人性化的要素，尤其是當時的競爭對手維京（Virgin）航空將自己定位為「友好」，看來，英航要與之一競高低，必須拿出更有力的策略。

為了改變人們對英航已有的態度，管理層決定重新強調自己的國際網路規模，同時藉助原先轟動性廣告相關聯的規模與壯觀等要素，在傳遞「和平、友愛，全世界人民是一家」的資訊同時，主要希望增加品牌個性的溫暖和人性化感覺。有資料

顯示，每年搭乘英航的人數超過2400萬人，他們從四面八方相聚到一起，英航正是讓他們相聚的載體。為此，廣告代理公司盛世長城（Sattchi & Sattchi）專門創作了一則堪稱壯觀的廣告「臉孔」篇，成為英航發展過程中的里程碑。

這則廣告規模宏大，動用了4000人參與拍攝，大部分都是來自高中和大學校園的學生，身著各色服裝的人聚集在一起排列成一張巨大的臉孔，還會眨眼和微笑。廣告的樂曲來自法國作曲家Delibes的「花朵二重唱」（Flower Duet）。廣告在猶他州的平原、市區和山巒重拍了很多遍才完成。這是一部奢侈的廣告片，其中充滿了人類普遍的情感經驗，沒有對白，沒有話語。為此，英航付出了200萬美元拍攝費用。「臉孔」篇推出後，全世界超過70個國家15種語言的60億觀眾收看過，許多觀眾還是在英國航空公司機艙裡收看的廣告錄影。

做為服務型行業的英航，所做的廣告就是要達到宣傳其服務品質的目的。「臉孔」篇廣告強調了英航的規模及其服務品質，同時表達了飛行真實的目的和益處──與人相遇，因此一舉成功。

廣告的產生和發展，已有悠久的歷史。它是階級社會裡產業分工的必然產物，是人類社會發展到一定階段、社會生產達到一定水準之後，人們從事商品買賣和物質交換的輔助手段。而勞務廣告正具有與商品廣告相同的特性，它是服務性企業所做的，以提供勞務服務為內容的廣告，如介紹銀行、保險、旅遊、飯店、車輛出租、家電維修等內容的廣告。

**F．韋蘭．艾爾（1848年～1923年）：創辦N.W.艾爾父子廣告公司，艾爾以他「公開的合約」──客戶公開支付給其商議好的媒介代理費的15%的佣金的做法，在廣告業中廣為影響並得到尊重。**

# 以豪華為名——觀念廣告

**以建立觀念為目的的廣告是透過宣傳把廣告主所推崇的某種觀念向大眾傳播。**

如今，在汽車市場上，「日系豪華車」這一說法是被廣泛接受的事實，但在Acura之前，這還是令人難以想像的一件事。確實，日本汽車製造商慣常製造小而可靠的經濟型轎車，而且，對於那些歐洲豪華品牌，即使是美國三大汽車公司也只能望其項背。但是，Honda日本汽車公司卻將這些不可能變成了事實。

1986年，Craig Mathiesen被Ketchum廣告公司從三藩市調到洛杉磯並負責在洛杉磯建立辦事處，策劃和實施Honda日本汽車公司的市場投入戰略。

一天，在美國Honda總部舊辦公樓的自助餐廳中，美國Honda的三位高層圍坐在一張福米卡桌子旁，正在分析Craig Mathiesen的一項最新提議：改變以往市場定位，推出豪華型日式汽車。三位高層人員不是不知道汽車行業的現狀，更清楚Honda汽車的情況，他們說：「日本的經濟型轎車和歐洲的豪華車之間相差很遠，進口車的購買者在兩者的選擇上不可能有如此大的跳躍。」

那麼，新提議只能置之不理嗎？現實有沒有為日本汽車提高更好的良機？Craig Mathiesen大膽地繼續堅持自己的觀點：「正因為以前日本沒有豪華型汽車，所以現在才是最好的機會，再等幾年，肯定會被其他公司捷足先登呢！」

富有遠見卓識的三位高層被說服了，他們確認了Craig Mathiesen的提議，創立了

新的汽車事業部，一項偉大的計畫開始付諸行動。

九個月後，一款新型豪華汽車問世了，如何為其命名、如何為其進行廣告宣傳成為迫在眉睫的事情。當然，負責廣告工作的Ketchum公司不是等閒之輩，他們很快創作了「精湛工藝，打造完美汽車」的廣告口號，並且提出了好幾個名稱方案。最終，「Acura」脫穎而出，成為日式豪華車的代表名稱。「Acura」這個詞是拼構出來的，在幾種語言中「acu」都意味著「精確」。

廣告一經推出，立刻受到了多數消費者的歡迎，Acura的豪華車形象也藉此建立了起來。從此以後，日本各大汽車公司，如豐田、日產都相繼推出了豪華型汽車，進而確定了日式豪華車的地位，推動了日本汽車業發展。

日本Honda公司成功的改變了人們的觀念，推出了Acura豪華車，這就不能不感謝觀念廣告的影響力了。

所謂觀念廣告，就是企業對影響到自身生存與發展，並且也與公眾的根本利益息息相關的問題發表看法，以引起公眾和輿論的關注，最終達到影響政府立法或制訂有利於本行業發展的政策與法規，或者是指以建立、改變某種消費觀念和消費習慣的廣告。

觀念廣告的特點是，不直接介紹商品，也不直接宣傳企業的信譽，通常表現為企業精神、口號、奮鬥目標或對大眾的希望等。由於向消費者推銷一種觀念，使之認可、接受，需要較長的時間，而且人的心理狀態各不相同，所以進行這種廣告宣傳是最深刻也是最困難的，一旦成功建立，則有助於企業獲得長遠利益。

**廣告代理商的作品是溫暖的、全然人性的，它觸及人們的需求、欲望、夢想和希望；這樣的作品，絕對無法在工廠生產線上完成。**

——李奧．貝納

# 愛他，就給他吃冰淇淋——報紙廣告

**報紙廣告是指刊登在報紙上的廣告。**

1989年，哈根達斯從歐洲起步，透過精緻、典雅的休閒小店模式進行銷售，逐步成長為世界級的頂尖冰淇淋品牌。說起它的成長歷史，廣告起了不容忽視的作用。

冰淇淋一向是兒童消費的食品，哈根達斯則是第一個明確以成人消費者為目標的冰淇淋產品，並以此戰略打入歐洲市場，第一個在歐洲開設了專賣店。為了宣傳產品，他們首先在品牌的廣告設計上，注重強調哈根達斯冰淇淋口感的純正爽滑。

當時，為了達到這一目的，他們根據消費者調查結果展開了廣告活動。那次調查顯示，多數人形容哈根達斯冰淇

淋是一種帶著「慵懶的柔情」、給人一些「情欲」與「夢幻」感覺的東西。於是，哈根達斯決定在廣告中營造一種親暱溫馨的氛圍，讓哈根達斯冰淇淋的味道變得可以感覺和可以想像得到。

哪種廣告適合體現產品的口味和感覺呢？經過比較篩選，他們認為自己的目標群體較小，不適合在覆蓋面太散的電視上做廣告，而應該選擇報紙和雜誌。報紙和雜誌色彩感更強烈持久，品質感更突出優秀，特別是大篇幅的廣告，能更方便鎖定消費者，比起電視廣告既能節省費用，還能增強廣告效果，何樂而不為？

於是，哈根達斯聘請知名的攝影師為廣告拍攝精美的圖片。這些廣告片不僅要呈現高水準的畫面給消費者看，還要表達出創意中隱含的思維。

拍攝是一項非常高難度的工作。不過，在哈根達斯和攝影師的共同努力下，一組組超乎尋常的精美圖片誕生了，這些圖片以廣告形式推出後，迴響強烈，到1991

年，哈根達斯在英國的銷售量比1990年增長了398%。

報紙是一種印刷媒介。它主要有三個方面的優勢：

1、版面大，篇幅多，這樣可以給予廣告主更大的選擇空間。而且報紙具有很強的解釋能力，需要向消費者詳細介紹的廣告，比較適合在報紙上發佈，因此當有新產品上市或進行企業形象宣傳時，都會選擇全頁整版廣告。

2、報紙具有特殊的新聞性，在報紙上做廣告會增加其可信度。將新聞與廣告混排，更容易讓人們關注到廣告，進而提高其閱讀力。

3、報紙編排靈活，對廣告改稿或換稿都比較方便。而且報紙截稿期較晚，只要廣告稿在開印前幾個小時送達，即可保證準時印出，可見在報紙上發佈廣告極為方便。

**約翰·卡普萊斯（John. Caples）：廣告文案創作的奇才，一生從事廣告業將近60年，以科學的方法測試廣告成效。他的廣告測試方法奠定了廣告量化學派的理論，幾乎是現在網路廣告中跟蹤研究客戶理念的鼻祖。**

# 平面上的立體魔術胸罩——雜誌廣告

**雜誌廣告是指在雜誌上刊登的廣告。它以特定對象（目標市場）為目標，具有選擇性強、視覺衝擊力強等優點，也有時效慢、廣告覆蓋面有限等缺點。**

在進行雜誌廣告創作時，很少有廣告主或廣告公司會用立體概念去思維。但巴西女用內衣生產廠商瓦麗莎公司及其廣告代理公司卻是個例外。

瓦麗莎公司生產了一種新款雙效魔術胸罩，在投入市場之前，他們委託廣告公司設計廣告進行宣傳。

廣告公司受命後，開始了調查研究工作。他們知道，長期以來，內衣廣告數量很多，造成一定影響的也不少，然而，這些廣告中大多採用美女策略，已經有些老套了。如果自己再為瓦麗莎公司設計一則與以往類似的美女廣告，效果絕對只是平平。怎麼樣才能凸顯新意，為產品找到最引人注意的突破口呢？

在仔細研究產品和媒體過程中，廣告公司找到了靈感。他們發現，內衣廣告多數採用雜誌做媒體，因為雜誌的消費群體固定，時間效果長久，而且雜誌圖案鮮明突出，很容易體現產品的個性。這對於女性內衣來說，是非常有利的宣傳媒體，所以雜誌往往是女性內衣廣告的第一媒體選擇。

確定了媒體之後，他們進而創意各種圖案和文字，可是一直都不滿意。這天，幾位創意人員又在一起討論研究，其中一人將產品放在雜誌上比劃著：「再好的圖案也不如真產品效果好，要是把產品放上去就好了。」他的議論引來另一位同事的注意。那位同事信手塗鴉了一副巨大的彩頁，放到打開的雜誌中間，這時，他驚奇地發現：由於兩邊相同的厚度使圖畫上的乳房線條凸顯，呼之欲出，兩頁中間的裝訂線恰似雙乳間的乳溝。

這一靈感獲得大家一致認同，他們共同努力製作了更為精美的圖案，並且創造了這樣的廣告標題：「書縫的效果就是雙效魔術胸罩帶給您的效果。」這則魔術胸罩廣告廣告刊登發佈後，產生了驚人的效果。此廣告同時獲得了1994年度《廣告時代》最佳雜誌廣告獎。

雜誌也是一種特別的廣告投入媒體，具有自己的特點：雜誌一向都有著專門的讀者群，因此當商品以特定目標群體為對象的時候，適合選擇這一媒介；其次與報紙和電視廣告相較而言，雜誌的保存閱讀期更長，讀者接觸的次數比較多，這樣有助於加深消費者心中的印象，取得更好的廣告效果；雜誌印刷精美，有著極強的視覺衝擊力，可以加深對讀者的吸引力，而且通常而言，一個廣告會佔據整頁的內容，保證了它不會被其他的資訊干擾，使得讀者的注意力集中。

不過，雜誌的時效慢、發行週期較長，因此資訊的傳播比較緩慢，再加上雜誌的讀者群比較窄，廣告受眾相對更小，因此在刊登廣告時要注意規避這些不足。

**霍華德·拉克·哥薩奇（Howard. Luck. Gossage，1918年～1969年）：被稱為「廣告業裡最機巧的反叛者」。反廣告的鼻祖，他以抨擊、嘲弄廣告的廣告自成一家。**

# 非黃金時間撿黃金——電視廣告

**電視廣告是一種在電視媒體上進行傳播的廣告形式。**

美國企業家雅各·巴羅斯基是阿德爾化學工業公司的總裁。二次世界大戰以後，他發明了一種非常實用的家用液體洗滌劑，將之命名為萊斯托爾，並很快推向市場。

然而，這種新推出的洗滌劑起初並沒有得到消費者的認同，巴羅斯基只能在報紙和廣播上做廣告，推廣自己的產品，廣告之後，產量得到了提升，但仍是不景氣。無可奈何之下，巴羅斯基將眼光投向了新興的電視。當時是五〇年代末，美國的家用電視機已經相當的普及，電視觀眾是個不小的群體，但也正因為如此，電視廣告的費用並不低，特別是晚上6點到10點的黃金時間，廣告費用更是其他時間的數倍甚至數十倍。

當時，洗滌劑的銷售量一直不盡如人意，阿德爾公司的財力並不寬裕，昂貴的電視黃金時間廣告對他們來說是個極大的難題，但面對這所有，經過深思熟慮的巴羅斯基還是下定了決心。1954年，他毅然取消了一切報刊和廣播廣告，集中財力和公司所在地的霍利約克電視臺簽訂了一個為期一年、1萬美元的合約。而特別的是，他所簽訂的並非黃金時間廣告，而是選擇了非黃金時間，並以每週30次的高密度次數循環播出萊斯托爾洗滌劑的廣告。

連續播出兩個月後，萊斯托爾的銷售量大幅度上升，此時，巴羅斯基立刻向銀行貸款7.5萬美元，在臨近的斯普林菲爾德和紐黑文兩大中心城市也開始他的廣告宣傳。廣告宣傳依舊採用了高飽和式的非黃金時間電視廣告。隨著廣告的播出，企業和產品的知名度大大提高。

第二年，巴羅斯基將廣告覆蓋面從大型城市擴大到了中型城市，在曼徹斯特、波特蘭等城市，電視的非黃金時間中都可見到萊斯托爾的身影，漸漸的，廣告所及的城市中，80%的家庭主婦選擇和使用萊斯托爾洗滌劑，萊斯托爾的銷售額已超過170萬美元。

接下來，巴羅斯基開始進一步擴張版圖。他先是花費40萬美元，購買了每週123次的電視廣告時間，讓紐約人成為萊斯托爾的忠實用戶。兩年的時間裡，他橫掃了費城、底特律等大型城市，並建立了從東至西龐大的橫向銷售系統。到了1958年，萊斯托爾的銷售額已經達到了2200萬美元，而他們所付出的電視廣告費用則高達1230萬美元。

你知道這意味著什麼嗎？這表示阿德爾公司是全美電視節目最大的單一商標贊

助人，甚至遠遠超過了多年位居廣告大戶榜首的可口可樂公司。但這巨大的付出為他們帶來的是更大的收益，萊斯托爾的銷售額在短短四年的時間內激增了44000倍，成為當之無愧的王者。

這就是被美國廣告界稱為「4個不可思議的電視年」的電視廣告。面對這一切，廣告界開始重新審視起非黃金時間電視廣告的使用價值，開啟了電視廣告的新篇章。

電視廣告是資訊高度集中、高度濃縮的節目。電視廣告兼有報紙、廣播和電影的視聽特色，以聲、像、色兼備，聽、視、讀並舉，生動活潑的特點成為最現代化也最引人注目的廣告形式。電視廣告發展速度極快，並具有驚人的發展潛力。

電視廣告與廣播媒體一樣，電視也是暫態媒體，受眾對電視廣告所持的是「愛理不理，可有可無」的態度，要使電視廣告成為面對面的銷售方式，就要在創意方面加倍努力，以獨特的技巧和富有吸引力的手法傳達廣告訊息。

**菲力浦・杜森伯里（Phil. Dusenberry 1936年～ ）：BBDO廣告公司前總裁兼首席創意長，廣告界最有影響力的人物之一。他的衝擊力表現在給人留下深刻印象的廣告之中，尤其擅長藉助名人效應。**

# 大大的「M」──POP廣告

**POP廣告，是英文point of purchase advertising的縮寫，意為「購買點廣告」。**

當今世界，恐怕沒有哪個產品能像麥當勞品牌那樣深入人心。做為美國文化象徵的麥當勞，已經在全球120個國家設有29000家速食店，每天服務的客戶達4500萬，幾乎在任何一個國家都可以看到那座金色的M型拱門。麥當勞的成功是一個偉大的傳奇，其中，廣告運作又在它的成功路上上演了一幕幕動人的故事。

1937年，麥克．麥當勞和迪克．麥當勞兄弟倆在美國開了一家汽車餐廳，專門銷售每個15美分的漢堡，他們採用自助式用餐，使用紙餐具，提供快速的服務。這種獨一無二的漢堡小餐廳經營方式很適合美國人的口味，因此大獲成功。不久，麥當勞兄弟開始建立連鎖店，並親自設計了金色雙拱門的招牌。到1954年，麥當勞已經擁有10家連鎖店，全年營業額竟達20萬美元。

就在這一年，有位奇怪的客人來到麥當勞，他將成為麥當勞走向輝煌的決策者。此人名叫克羅克，是經銷奶昔機的老闆，前些日子，他發現聖伯丁諾市一家普通餐館一下子就訂購了8台奶昔機。以往可從未有人一次就買這麼多機器呀！他十分好奇，出於生意上的需要，他認為必須弄清楚這是怎麼回事，就特地趕到了聖伯丁諾。

當克羅克來到麥當勞餐廳時，立即被眼前的景象嚇呆了，只見小小停車場裡擠滿了人，足足有150人之多，在麥當勞餐廳前排起了長隊。克羅克可從未見過這種作業方式，他故意大聲說：「我從未為買一個漢堡而排隊。」

「哦，」客人中立刻有人接著說，「您也許不知道這裡的食品價格低、品質好，餐廳乾淨，服務又周到。何況速度這麼快，別看排隊人多，一會兒就能買到。我可是這裡的常客。先生，您不妨也試一試？」

這番話使克羅克馬上察覺到麥氏兄弟已經踏進了一座「金礦」。他立刻進店找到麥當勞兄弟，與他們達成了合作協議。儘管協議條件對克羅克十分刻薄，但他堅持己見，連續開辦了多家連鎖店，並於1961年貸鉅款買下了麥當勞的股權。此後，克羅克大展拳腳，開始了更為輝煌的創業之路。除了更加嚴格的服務要求外，克羅克注重廣告宣傳，這成為他大獲成功的一個重要因素。

首先，克羅克保持了麥當勞的金黃色雙拱門標誌，這也成為它重要的象徵。說起來，自從克羅克購買下麥當勞以後，他絕對有資格改換餐廳名稱和店面設計，或者取名「克羅克」，或者將店面標誌改成K型，因為M型店門設計是根據麥當勞兄弟名字的第一個字母M設計的。現在，既然店主人換了，是不是也該將整個店來一番改頭換面？許多人都抱著這種心態向克羅克提建議：「以前，麥當勞兄弟對你很苛刻，又以如此巨額賣給你，你不能再用他們的名號和標誌了，要用自己的。」

克羅克並非鼠目寸光之輩，他搖頭否決了這些建議：「麥當勞產品品質極佳，已有良好的形象和顧客群，這是一筆無法估量的財富，我不能將財富拒之門外。我的目標是讓更多人品嚐到可口美味的漢堡。」他堅持使用了麥當勞的名稱和標誌。同時，他還繼承使用麥當勞以前的很多店面設計，盡量保持風格不變。

1963年，克羅克在廣告人員幫助下，又推出了「麥當勞叔叔」形象。「麥當勞叔叔」頭上頂著一個裝有漢堡、麥芽奶昔和薯條的托盤，鼻子上裝有一對麥當勞杯子，腳上的鞋子像兩塊大麵包，其形象相當商業化。這個小丑般的形象，給顧客留下可親可愛的感覺，特別受到孩子們的歡迎。從此，「麥當勞叔叔」成了全美電視廣告上為麥當勞做宣傳的代言人。

多年來，麥當勞每年都斥鉅資用於廣告宣傳，而且，特別注意店面形象統一化，不管在世界哪個地方，麥當勞店面的M型黃色門口沒有改變過，各種店面裝飾設計也是保持一致，凸顯了獨有的文化魅力。如今，黃色的雙拱門標誌已經成為麥當勞世界通用的語言，這個M標誌成為麥當勞廣告與消費者溝通的最好方式。

麥當勞的雙拱門標誌以及店內外各種統一性的裝飾設計，都是POP廣告的表現形式。所謂POP廣告，是許多廣告形式中的一種，它是英文point of purchase advertising的縮寫，意為「購買點廣告」，簡稱POP廣告。

POP廣告的概念有廣義的和狹義的兩種：廣義的POP廣告的概念，指凡是在商業空間、購買場所、零售商店的周圍、內部以及在商品陳設的地方所設置的廣告物。狹義的POP廣告，僅指在購買場所和零售店內部設置的展銷專櫃以及在商品周圍懸掛、擺放與陳設的可以促進商品銷售的廣告媒體。

POP廣告起源於美國的超級市場和自助商店裡的店頭廣告。1939年，美國POP廣告協會正式成立後，POP廣告獲得了正式的地位。20世紀30年代以後，POP廣告在超級市場、連鎖店等自助式商店頻繁出現，從此逐漸受到重視。60年代以後，隨著超級市場的銷售方式推廣到世界各地，POP廣告也隨著走向全世界。

**哈里森·金·麥肯：麥肯的創始人，美國麥迪森大道的傳奇人物。他於1911年接受「標準石油」公司的廣告總監一職。數月後，美國最高法院命令公司解散，他被允許成立H·K·麥肯公司，並把被解散的6個公司做為他的首批客戶。1930年，他與艾瑞克森合併，成立了麥肯·艾瑞克森公司。30年後，麥肯公司總裁小馬瑞森·哈潑成立了內部股份集團，重組後的4個部門分別主管麥肯的不同附屬業務。麥肯躋身世界十大廣告公司，連續幾年的營業總額都在全球同行中獨佔鰲頭。麥肯的廣告哲學是「Truth Well Told」（善創涵意、巧傳真實），並將其雕刻在公司的司徽中。**

# 路易士連線網際網路——網路廣告

**網路廣告指運用專業的廣告橫幅、文本連結、多媒體的方法，在網際網路刊登或發佈廣告，透過網路傳遞到網際網路用戶的一種高科技廣告運作方式。**

1993年，路易士・羅塞絲和妻子簡・梅特卡夫創辦了《連線》雜誌。這是一本電腦科技雜誌，在當時電腦期刊的出版被Ziff-Davis、IDG、CMP等巨型出版集團壟斷的情況下，它的處境不妙。

然而，路易士獨闢蹊徑，改變多數電腦刊物的經營策略，從人的角度入手探討技術，以及技術對政治、文化、社會和倫理道德帶來的衝擊。進而使得《連線》雜誌獨具特色，涵蓋面廣，從數字鴻溝到網路禮儀，無所不包；另外，文章中善於思考的特色使枯燥的數字時代充滿了哲學意味。就這樣，起步晚、缺乏背景的《連線》在眾多電腦期刊中得以生存。

1994年，路易士的雜誌再次陷入了艱苦經營，這時，他從逐漸興起的網際網路上看到了商機。身為電腦期刊創辦者，路易士自然十分熟悉網際網路發展情況，他開始為雜誌製作網站，希望更多讀者能夠透過網際網路瞭解自己的雜誌。就在這個過程中，他產生了一個想法：在網際網路上進行廣告業務。他想，既然網際網路可以溝通全世界的人，為什麼不在上面做廣告宣傳產品呢？這樣，人們透過網際網路就能瞭解產品，不是一條非常方便的途徑嗎？

這是一個全新的想法，對於此，有人懷疑說：「誰會在這上面刊登廣告呢？有人閱讀嗎？」因為在當時，網際網路遠沒有今天普及，上網人數少，而且，通常人們都可以製作網頁，就是說，在網路上刊登廣告效果不會太好。但路易士沒有放棄自己的想法，他知道，自己的雜誌經營困難，與其苟延殘喘，不如放手一搏，爭取廣告主支持開銷。

很快，路易士聯繫到了幾家老客戶，他們抱著試試看的態度，同意在《連線》雜誌的網站刊登廣告。10月14日，《連線》熱線網站（www.hotwired.com）的主頁上刊登了14個客戶的廣告，其中包括AT&T公司。這些廣告最初形式是一則則橫幅式的圖檔，位於網頁的最上方，有興趣者「點擊（Click）」後，可以超連結（Hyperlink）到此網站為廣告主特製的網頁或廣告主的網站。

沒有想到，這些網路廣告推出後，引起網路開發商和服務商極大關注，他們看到了一條網路發展的光明道路，從此以後，網路廣告逐漸成為了網路上的焦點。無論網路媒體，還是廣告主，他們均對其充滿冀望。於是，各網路媒體對經營者紛紛改進經營方向，朝多元化發展，意在盡量地吸引更多的瀏覽人群及廣告客戶。網路廣告，產生了引導著網際網路發展新方向的重要作用。

路易士大膽的嘗試，開創了網路廣告的先河，是網際網路廣告里程碑式的一個標誌。

網路廣告，是指運用專業的廣告橫幅、文本連結、多媒體的方法，在網際網路刊登或發佈廣告，透過網路傳遞到網際網路用戶的一種高科技廣告運作方式。

歷經多年的發展，網路廣告行業經過數次洗禮已經慢慢走向成熟。目前，網路廣告主要包括以下幾種形式：網幅廣告；文本連結廣告；電子郵件廣告；贊助廣告；與內容相結合的廣告；Rich Media；其他新型廣告，諸如視頻廣告、巨幅連播廣告、翻頁廣告、祝賀廣告等等。

網路廣告具有以下幾個優點：真正的互動媒介；大量的受眾；及時反應；高度針對性；購買力強的市場；提供詳細的資訊。隨著網際網路的逐步發展，它可能超越路牌，成為傳統四大媒體之後的第五大媒體。

**我逐漸體會到，沒有好客戶，就不會有好廣告；沒有好廣告，也就留不住好客戶。還有，沒有任何一個客戶，會買他自己都沒興趣，或是看不懂的廣告。**

——李奧．貝納

# 景陽崗上酒幌子——中國古代廣告

**隨著社會對資訊傳播的需求和商品經濟的產生，中國古代廣告開始萌芽。在以自給自足的自然經濟為主要經濟形式的封建經濟條件下，它的發展非常緩慢，這是與當時的經濟發展相適應的。**

《水滸傳》是古典四大名著之一，其中有一段家喻戶曉的故事——武松打虎。故事是這樣寫的：武松回鄉探親，路過陽谷縣景陽崗時，恰好中午時分，他又餓又渴，看見前面有一個飯店，門前高懸著一面招旗，上頭寫著五個大字：「三碗不過岡」。武松十分高興，他酷愛喝酒，酒量甚佳，遇到這般酒家，豈肯錯過。於是，他便走了進去。

果然，這家店裡的酒品質不錯，武松十分滿意，連說：「好酒，好酒。」可讓他意想不到的是，等他三碗酒下肚，酒家老闆就不給他上酒了。武松覺得非常奇怪。老闆解釋說：「客官沒看到門前的招旗嗎？我家的酒雖是村酒，卻比老酒滋味，到店裡喝酒的，喝了三碗便都醉了，過不去前面的景陽崗，所以，大家都稱呼我的酒『三碗不過岡』，我也乾脆以此做招牌。時間久了，凡是來店裡喝酒的，喝過三碗，就不再問了。」

聽了這番解釋，武松笑著說：「我喝了三碗，怎麼不醉？」

老闆繼續解釋道：「我的酒，叫『透瓶香』，也叫『出門倒』，剛喝進去時，濃香純烈，可是過一會兒就醉倒了。」

然而，武松酒量不同平常人，他不肯聽從老闆勸告，依舊高喊著要酒。老闆無奈，只好接二連三給他上酒。結果，武松一人竟然喝了18碗酒，喝得醉意朦朧。這讓老闆大驚失色，攔著他不讓他去景陽崗。

武松既已喝醉，而且膽量過人，憑藉著武藝高超，哪裡把老闆的勸阻放在眼裡。他大步流星趕往景陽崗，令他大吃一驚的是，景陽崗前果真立著官府告示：近因景陽崗大蟲傷人，但有過往客商可於巳、午、未三個時辰結夥成隊過岡，請勿自誤。

後面的故事大家都知道了。看罷告示，武松並沒有被嚇回去，而是趁著酒性上了岡，而且連夜打死了老虎，為民除害，進而成為轟動一時的英雄人物。

這個故事裡其實提到了兩個廣告，其一是飯店門前的招旗，俗稱酒幌子，其二是景陽崗前的官府告示。在這裡，我們可以來瞭解一下中國古代的廣告，看一看我國廣告在古代的起源和發展歷程。

首先，從目的來看，中國古代廣告分為兩種性質，一是經濟性的，比如，飯店門前的酒幌子；一是非經濟性的，比如景陽崗前的官府告示。

非商業廣告歷史悠久，遠早於商業廣告。比如在《尚書‧堯典》中記載了堯、舜禪讓的故事：堯在帝位時，「諮詢」四岳，四岳推舉虞舜為繼承人，就屬於非商業廣告。

隨著商品經濟的出現和繁榮，廣告做為商品交換中必不可少的宣傳工具發展起來了。從早期的口頭廣告，到後來的實物廣告、標記廣告、懸幟廣告、懸物廣告等，廣告的形式開始多樣化。宋朝慶曆年間，出現了世界上最早的廣告印刷實物，北宋時期濟南劉家針鋪的廣告銅版。

元、明、清時代，不少政治名人和文化名人開始為商家書寫招牌、對聯廣告，比如「全聚德」、「六必居」等老字號店鋪的名稱，都來自於名人的創作。到了今天，廣告更是種類繁多，發展到了尖峰。

**「很明顯，我們正在喝的只不過是容器，而不是以小麥和馬鈴薯漿為原料生產出來的酒。……同樣的主張對許多產品都是適用的，越是平淡無奇、沒有自己特殊個性的產品，那麼，設計理念新穎的廣告就一定能使它賣得更好。」**

——（美）詹姆斯‧B‧特威切爾：《震撼世界的20例廣告》

# 一則懸賞通告——西方廣告起源

**古埃及有專門雇叫賣的人在碼頭叫喊商船到岸時間的習俗。船主還雇人穿上前後都寫有商船到岸時間和船內裝載貨物名稱的背心，讓他們在街上來回走動。據F·普勒斯利（Frank Pressbrey）的說法，人身廣告員就是在那時開始的 。**

西元前1550年，古代埃及奴隸主哈布家裡，正在發生著一場激烈的爭論，他們家裡的一名奴隸謝姆逃跑了，這是十分常見的事情，卻也是令人頭疼的事情。哈布愁眉苦臉地坐在自己的織布機旁，他的弟弟高聲叫嚷著：「快派人把他抓回來，這個懶東西，非要好好揍他一頓不可！」哈布卻搖搖頭說：「最近奴隸們不斷逃跑，這是怎麼啦？」弟弟說：「你太手軟了，只有狠狠地揍，他們才聽話！」哈布顯然不同意弟弟的觀點，他沒說什麼，只是默默地坐著。

弟弟沉不住氣了，催促道：「再不去抓他，他就逃過大河，永遠抓不到了。」

哈布依然坐著不動，他在考慮抓捕奴隸的方法。

最終，他站起來，下定決心說：「聽說有人懸賞抓拿逃跑的奴隸，我們不妨也試試。」

弟弟吃驚地說：「奴隸是我們的財物，為什麼我們還要懸賞？」

哈布說：「你不懂，謝姆已經學會了一些織布的技巧，比一般奴隸有用。要是他不肯回來，被其他織布師收留，我們的損失就大了。」

原來，哈布已經在思考商業競爭問題，這促使他設法採取更為積極有效的辦法來解決問題。經過再三推敲，哈布設計書寫了一張懸賞緝拿逃跑奴隸謝姆的文字，這段文字如下：「奴僕謝姆從織布店主人處逃走，坦誠善良的市民們，請協助按佈告所說的將其帶回。他身高5英尺2寸，面紅目褐，有告知其下落者，奉送金環一只；將其帶回店者，願奉送金環一副。──能按您的願望織出最好布料的織布師哈布。」

奴隸主命令手下人把這段文字認真謄抄了好幾十遍，並讓他們到人潮擁擠的地方去散發，希望人們看到文字後，會幫助他找到謝姆，並把他送回來……

這則奴隸主哈布書寫在沙草紙上、懸賞緝拿謝姆的文字，經過了3000多年的歲月，不但沒有遺失，反而流傳了下來。如今，它被保存在英國博物館中，成為現今發現的最早的文字廣告。

藉此機會，我們可以瞭解一下國外廣告的起源和發展情況。早在西元前3000年～西元前2000年，古代巴比倫已經有了楔形文字，當時，人們用葦子、骨頭、木棍等堅物在潮濕的黏土版上刻字，並把這些黏土版曬乾，製成瓦片保存起來。這些保留下來的瓦片上的文字反映了當時人們的生活情況。從那時起，文字廣告就已經產生了。

在當時的埃及，除了文字廣告外，還出現了專門雇叫賣的人在碼頭叫喊商船到岸時間的廣告活動。另外，船主們還雇人穿上前後都寫有商船到岸時間和船內裝載貨物名稱的背心，讓他們在街上來回走動。據說，人身廣告員就是在那時開始的。

**做得不好的廣告往往就是那些創意與形式過於複雜的廣告，廣告就是要簡潔明瞭。就像過去常說的那樣，你如果把五個網球同時扔給別人，他們可能一個都接不住。但是如果你只扔給他們一個球，他們就能接住了。」**

──洛集團的創始人及主席佛蘭克·洛（Frank Lowe）

# 出版商的廣告——近現代廣告史

**印刷術的改進和應用，促使原始古代的口頭、招牌、文字廣告傳播向印刷廣告轉化，進而產生了報紙、雜誌等新的廣告形式。**

威廉·坎克斯頓是英國的一個出版商，他接觸這個行業的時間還不久，但他希望自己印刷的書籍能夠大量出售，以獲得更大的利潤，使自己在印刷行業佔有一席之地。

要知道，這已是15世紀70年代，自從中國的印刷術傳入西方，並於1445年經過德國人古登堡改進，創造了鉛活字印刷以來，印刷業正在悄悄改變著傳統的文化傳播，影響著越來越多的人。威廉·坎克斯頓敏感地意識到，一場關於印刷的革命已經拉開了序幕，自己怎麼樣才能在印刷業中嶄露頭角呢？

以往，書籍都是手抄在皮革上的，只有少數統治階級才有讀書、寫字的權利和機會，可是現在不同了，紙張代替了皮革，印刷代替了手抄，這一切決定將有更多的人有機會讀書寫字了。想到這裡，威廉·坎克斯頓不由得看看自己剛剛印刷完畢的一批宗教書籍，這批書籍數量可謂驚人，要是從前，不知道要賣多久呢！當他決定印刷這批書籍時，曾經受到許多人好心地提醒：「印這麼多書，什麼時候才能賣完？你不要冒險！」

可是，威廉・坎克斯頓堅持己見，開足馬力印刷書籍。1472年，當印完最後一本書時，他長長地鬆了一口氣：「只要賣完這些書，我就發財了。」

事情並沒有想像的順利，書籍銷售不順，很多人根本不知道威廉・坎克斯頓印刷了一批價格便宜的書籍，還有些人不認可這些書籍。威廉・坎克斯頓陷入恐慌之中，他苦思冥想，最終想出了一個辦法：他印製了一份推銷書籍的廣告，命人張貼在倫敦街頭。

幾天後，倫敦的大街小巷出現了一幅場景，很多人圍在街頭觀看廣告，廣告上面寫著：倘若任何人，不論教內或教外人士，願意取得使用於桑斯伯來大教堂的儀式書籍，而其所用字體又與本廣告所使用者相同，請移駕至西斯敏特附近購買，價格低廉，出售處有盾形標記，從上至下有一條紅色縱貫為標識。

這則廣告吸引了人們的注意，大家議論紛紛：「這是做什麼？推銷書籍嗎？」「不知道，我們去西斯敏特看看吧！」於是，人們成群結隊趕往西斯敏特，到那裡看看究竟發生了什麼事，看看這種出現在廣告中的書籍是什麼模樣。這樣一來，威廉・坎克斯頓的書籍大量出售，他的策劃一舉成功。

威廉・坎克斯頓印製的廣告，被一致認為是最早的印刷廣告，進而開創了近現代廣告的先河。之後，人類的廣告活動由原始古代的口頭、招牌、文字廣告傳播進入到了印刷廣告的時代。

16世紀以後，歐洲資本主義得到快速發展，因此極大推動了經濟和文化進展，出現了報刊這一媒體形式。於是，報刊廣告應運而生。1625年英國的《信使報》刊載了一則圖書出版廣告，1650年英國《新聞週報》在「國會訴訟程序」裡登載了一則「尋馬懸賞啟事」，這兩則廣告無疑是世界上最早的報紙廣告。

1666年，《倫敦報》正式開闢了廣告專欄，之後，各報紙競相效仿，報紙廣告從此佔據了報紙的一席之地，並成為報紙的重要經濟來源。隨著報紙廣告影響逐漸擴大，除了商人做廣告外，一般百姓也開始利用這一形式，他們在報紙上刊登尋找工作或者雇傭奴僕的廣告等等。

隨著報紙廣告的興起，雜誌也不甘落後，開始了廣告的刊登，從此，廣告的形式更多樣，鋪設的範圍更廣泛，開始了它新的發展歷程。

**可口可樂的廣告要點建立在四個支柱上：永遠在那兒（隨時隨地做出反應）；永遠新穎（向每一代人重新闡述）；永遠真實（反映家庭、朋友和樂趣的真實）；永遠是你（與每位消費者相關）。**

——加拿大可口可樂公司前總裁托克・伊姆斯

# 廣告教皇──廣告學的發展

**廣告學做為一個學科出現，是廣告活動跟人們現實生活發生緊密關聯的結果，也與廣告運作規模化、規範化，並日益呈現出一定的規律性不無關係。**

大衛·奧格威是舉世公認的廣告大師，他提出品牌形象論，創辦奧美廣告公司，有力地促進了廣告學的進展，被人稱為「廣告教皇」。

1948年，大衛·奧格威成立奧美公司，開業之初，公司只有兩人，沒有任何業務。在經過一番思索和自我鼓勵後，大衛開始走出去聯繫客戶。在他的自傳中，他這樣回憶到：我考慮，我缺少與有實力的廣告公司搶生意的資本。我訂的第一個目標是韋奇伍德瓷器公司（Wedgwood China），這家公司每年的廣告費是4萬美元。韋奇伍德先生和他管廣告宣傳的女經理十分有禮貌地接待了我。

「我們不喜歡廣告公司，」她說，「廣告公司儘是瞎胡鬧，所以我們的廣告我們自己處理。您覺得有什麼地方不合適嗎？」

「恰好相反，」我說，「我很欣賞這種做法。不過，如果您讓我替你們去買版面，雜誌就會付我佣金。這無須您多花分文，我也保證再也不來打攪您。」

亨斯萊·韋奇伍德是位仁慈的人，第二天早晨他寫了一封指定我為廣告代理的正式信，我用電報答覆了他：「不勝感激，當盡力效勞。」

就這樣，大衛·奧格威開始了自己的創業之路，並且接連取得成功。有一次，哈特威襯衣請他策劃全國性廣告活動，當時，最知名的品牌是箭牌襯衫，揚・羅必凱為它創造了被稱之為經典的廣告，風頭正健，怎麼樣以年預算3萬美元的廣告打敗預算200萬美元的箭牌襯衫呢？

大衛・奧格威選用了一個強而有力的創意：一個戴黑眼罩的男人身穿哈特威襯衫。蒙著一隻眼的英俊男士獨自出現在背景中，神秘而浪漫，從此，哈特威襯衫迅速建立起了自己的品牌形象，成為高級襯衫的代表。而這一切的創意，僅僅是來自於在去攝影棚的路上，大衛・奧格威花幾美元買的一個眼罩。事後，大衛・奧格威說：「迄今為止，以這樣快的速度，這樣低的廣告預算建立起一個全國性的品牌，這還是絕無僅有的一例。」

建立品牌，成為他追求的目標。20世紀60年代中期，他提出了品牌形象論，成為廣告學發展史的一件大事。在此策略理論影響下，他和他的公司也做出了大量優秀的、成功的廣告，進而確定了自己和公司在廣告界的地位。

大衛・奧格威史提出的品牌形象論影響了很多人，是廣告學中不可忽視的一個重要理論。從這個理論出發，我們可以進一步探討廣告學發展史以及其間出現的其他理論。

廣告學做為一個學科出現，是廣告活動跟人們現實生活發生緊密關聯的結果，也與廣告運作規模化、規範化，並日益呈現出一定的規律性不無關係。

二戰以後，隨著西方資本主義經濟的發展，廣告業得到快速發展。市場行銷學和傳播學被引入廣告實踐活動，成為廣告學學科體系中新的兩大理論體系。20世紀50年代到70年代，先後出現了羅素·瑞夫斯的獨特銷售主張；大衛·奧格威的品牌形象論；艾·里斯和傑·屈特的定位理論，他們被稱為廣告界三位代表人物。70～80年代，廣告業跨地區、跨國度運作力度加大，廣告理論也得到進一步發展。80～90年代，整合行銷傳播在廣告界掀起波瀾；隨後，網路廣告以超過人們想像的速度迅速增長，為廣告研究提供了新的課題，使廣告學學科體系增加了新的要素。

**你不可能讓顧客因為被你說得不耐煩而買你的產品，你只能引起他們的興趣，吸引他們購買。**

──大衛·奧格威

# 領養樹木——廣告與公共關係

**廣告學是一門綜合性邊緣交叉學科。它的形成與發展受到各種相關學科的影響，在其形成過程中大量吸收各種相關學科的知識。**

100多年前，法國人在中國上海淮海路兩邊種植了一種梧桐樹，被當時的人稱為「法國梧桐樹」。歷經百年滄桑，這些樹枝繁葉茂，生長良好，形成了一道非常壯觀的綠色隧道，頗引人注目，然而，隨著最近這些年的商業開發，淮海路變成了商業街，兩邊的樹木遭到了不同程度的破壞。林管部門有心整治，卻缺少資金，只好望樹興嘆，一時間，關於淮海路法國梧桐樹的命運成為上海人關注的焦點。

有家目光敏銳的公司看到這種情況，覺得是個宣傳產品的好機會，於是，立即組織人員分析策劃，準備藉機辦一次有意義的廣告活動。這家公司就是奧麗斯公司。可是，怎麼樣將法國梧桐與公司結合在一起呢？

經過一連串研究探討，他們想到了一個好主意──領養淮海路兩邊的法國梧桐。這是一個社會公益活動，當然得到政府和人們支持。1996年3月12日，奧麗斯公司董事長與上海市徐匯、盧灣兩個區正式簽約，從1996年起，奧麗斯公司每年撥出一定資金，協助管理淮海路兩邊的法國梧桐。簽約儀式上，奧麗斯公司也及時發出呼籲：「願愛美的人愛綠化。」這句口號一方面抓住人們的環保意識，一方面也宣傳了自己公司──奧麗斯是日化公司，以生產化妝品為主，服務對象自然是愛美的人。

結果，奧麗斯公司這次領養城市綠樹的活動大獲成功，得到上海市乃至國內外一致讚譽，人們都在歌頌他們的宗旨：「崇尚仁愛，回報社會」，認為他們為政府解難去憂，去掉了百姓心頭之患。因此，公司形象大大提高，產品銷售也出現前所未有的大好局面。

面對稱讚，奧麗斯公司並沒有忘記自己的初衷，他們不僅藉活動出名，還在未來的10年當中「藉樹」揚名。不久，在淮海路的法國梧桐上，人們看到了奧麗斯公司宣傳環保的各種牌子。這進一步強化了人們對於奧麗斯的美好印象，進而使得奧麗斯在這次公益活動成為一次高明的公關活動，成為一次成功的廣告活動。

實際上，廣告和公益活動之間有著密不可分的關係。而很多企業也都非常注重這一點，他們透過公益活動，贊助慈善事業等來宣傳公司和產品。那麼，在廣告傳播過程中，廣告學還與哪些學科有關？透過公關關係進行廣告活動，又有哪些注意事項？

廣告學是一門綜合性交叉學科，在其形成和發展過程中受到許多學科影響，比如社會學、經濟學、市場學、心理學、傳播學、公共關係學等，都給廣告學注入了很多新鮮血液，促使它科學地成長發展。同時，廣告學與這些學科相互滲透，相互影響、包容，彼此之間建立了密切的關係。

但是，透過公共關係進行廣告活動時，需要注意兩點：

一、公共關係廣告實際上是一種「雙重廣告」，它既向公眾傳遞產品和勞務的資訊，又向公眾傳遞企業的其他有關資訊。所以，透過公共關係進行廣告時，表達方式應該委婉、間接，注重市場效應，以防引起公眾反感。

二、應該把握好廣告時機。如何與社會公益事業結合，是公共關係廣告的核心。只有把握時機，巧妙結合，才能不露痕跡地告訴公眾：該企業是可以信任和合作的。反之，時機不到，掌握不準，則會適得其反。

**正如喬叟、彌爾頓、莎士比亞、華茲華斯永遠改變了我們對作品中語言的看法一樣，克勞德·霍普金斯、大衛·奧格威、羅瑟·里夫斯改變了現代廣告的面貌。他們之後，再也無人能達到這種巔峰。他們在改變廣告形式的同時，也改變了我們觀察、談論事物的方式，改變了這個千篇一律、沒有新意的世界。**

——詹姆斯·B·特威切爾：《震撼世界的20個廣告》

# 誘人的法國紅葡萄酒——廣告藝術

**廣告藝術是現代藝術中分離出來的一種獨特形式，廣告藝術幾乎涉及到現代所有藝術領域，是現代藝術叢林中燦爛的一分支，並有它自身的特點和發展規律。**

法國有一家紅葡萄酒公司，生產研製了一個新品牌——CAHORS紅葡萄酒。這款紅葡萄酒品味高，品質上乘，應該很受歡迎。但是，產品問世以後，卻沒有突出的銷售業績。公司經理決定委託廣告公司為其設計廣告，進行宣傳。

廣告公司進行了詳細的調查，發現紅葡萄酒在人們心目中地位獨特，富有象徵意義。根據這一點，他們認為應該為CAHORS紅葡萄酒設計一個富有藝術性的廣告，這樣才能突出紅葡萄酒的地位和品味。

很快，一幅極具感染力的藝術畫面創作完成了。畫面很簡單，一個普通的高腳杯裡面裝了半杯紅葡萄酒，而酒杯的外沿上流出一滴酒，另外搭配一張漂亮而又可愛的臉蛋。

而貼近著那滴酒的，是從那張臉蛋裡伸出來的和葡萄酒顏色相近的紅舌頭，好像將要舔掉它，臉部帶著神奇的表情，使人未喝先醉。

在各媒體播出以後，這幅廣告宣傳畫得到了一致好評，從此，CAHORS紅葡萄酒迅速引起廣大消費者的關注，成為紅葡萄酒的代表產品之一。而為其製作設計的廣告宣傳畫也以突出的藝術性享譽廣告界，成為藝術廣告的代表之作。在這裡，廣告設計者透過流露在高腳杯的上沿外加上那張陶醉的漂亮神情表現出紅葡萄酒的魅力，使人在一瞬間產生品嚐的欲望。

而且，抓住一滴都捨不得浪費來反映紅葡萄酒的珍貴。另外，畫面中各種色彩的運用，形成強烈對比，集中突出主題，使整個廣告形象生動、意味深長，給人美好的享受。可以說，以極其簡潔卻富有內涵的廣告內容深深打動了消費者。

CAHORS紅葡萄酒的藝術廣告獲得的成功，可見藝術在廣告中的作用。

所謂廣告藝術是指為商品銷售目的而進行的表現藝術，是一種有明確目的，在很多限制條件下的創造性的實用藝術形式。

廣告藝術幾乎涉及到現代所有藝術領域，它的表現形式包括繪畫、攝影、語言與文學、音樂與表演、雕塑與建築等等。

但廣告藝術並不同於單純的藝術，它的最終目的是為了推動銷售並獲得利潤，而不是徹底的意識形態上的創造活動，它並不是從創作者本身的心理感受出發，而應該以廣告目標對象的心理特徵出發，同時，創造前的資料收集和整理對廣告藝術來說是必須的工作，而純粹的藝術創作則無此要求。

**達格瑪法：1961年瑞瑟・科利在為美國全國廣告主協會所做研究並出版的《制訂廣告目標以測定廣告效果》（Defining Advertising Goods For Measure Advertising Results簡稱DAGMAR）一書的簡稱。在達格瑪法中，預先要制訂明確的廣告運動目標。以知名（awareness）、品牌試用（brand trial）或其他效果的目標為基礎，確定達成這些目標所需的廣告費用。**

# 第二章
# 廣告學原理

廣告或許只有一個基本規律。數不盡的廣告公司，成千上萬的製造商和眾多的破產者都會站出來證明其真實性。這一規律就是：如果產品不能滿足消費者現有的某些欲望或需求，那麼其廣告終將失敗。

# 只溶於口，不溶於手——USP理論

**USP，是Unique Selling Proposition的簡寫，直譯為獨特的銷售主張，是美國廣告大師羅瑟．里夫斯對「科學派」廣告理論的繼承和發展，它成為20世紀50年代最主要的廣告理論方法，使整個50年代成為USP至上時代。**

1954年的一天，M&M's糖果公司的總經理約翰．麥克納馬拉拉（John Macnamara）步出家門，沉思著向羅瑟．里夫斯的辦公室走去。羅瑟．里夫斯是著名的廣告大師，由他提出的USP理論（獨特銷售主戰），在廣告界備受推崇。許多公司根據此理論，曾經設計製造了很多優秀廣告。而眼前，M&M's糖果公司遇到了麻煩，他們的廣告影響力太小，巧克力銷售量持續低迷。這讓約翰．麥克納馬拉拉憂心忡忡，他現在就是去見羅瑟．里夫斯，希望他為自己的產品做一個廣告，可以為他帶來更多消費者。

兩位經理見面了，羅瑟．里夫斯十分認真地聽取了約翰．麥克納馬拉拉的想法，問道：「那麼，你們公司的巧克力有什麼與眾不同之處嗎？」

約翰．麥克納馬拉拉想了想回答：「對，我們的巧克力和普通糖果一樣，也是由糖衣包裹的。」

羅瑟靈機一動，繼續問：「就是說，其他公司的巧克力沒有糖衣包裹？」

「是，」約翰．麥克納馬拉說，「我們公司生產多種糖果，所以巧克力也有糖衣包裹，這是老習慣了。」

「太好了，」羅瑟十分激動，「我想，我已經找到了您想要的廣告創意。」

約翰．麥克納馬拉驚奇地看一眼手錶，不無懷疑地問：「真的？我們交談了不過10分鐘。」

羅瑟笑了，他說：「當然，我們交談雖然不長，但是已經說明了產品和廣告的特點和想法，這就足夠了。」

接著，他開始向約翰．麥克納馬拉拉講述自己對產品的想法和創意，原來，他提出的USP概念，就是一定要在廣告中宣稱只有自己的產品才獨有的東西。根據此理論，他從M&M's巧克力獨一無二的糖衣包裝中一下子找到了創意之點。約翰有些疑慮地說：「糖衣包裝我們都清楚，可是其中真的蘊藏著那麼巨大的廣告價值嗎？」

羅瑟說：「您放心，憑藉這一點，我們絕對可以為您策劃成功的廣告宣傳。」

果然，羅瑟很快就想到了一個非常有表現力和說服力的口號，將M&M's公司的巧克力的特色體現在了其中。這個口號就是：「只溶於口，不溶於手。」它說明了馬氏巧克力的特色，因為有糖衣包裹，它不會像其他巧克力一樣，即便長期握在手心，也不會很快溶化掉。為了表現這句口號，羅瑟特意讓兩隻手同時出現，讓觀眾猜哪隻手裡有M&M's巧克力，然後張開手心讓觀眾看，「不是這隻髒手，而是這隻手。因為，M&M's巧克力——『只溶於口，不溶於手』。」

就是這樣，羅瑟將獨特銷售主張的重點放在產品上，展示給觀眾，引起他們的興趣，一下子提高了產品的知名度，擴大了它的影響，當然也促進了銷售。

羅瑟·里夫斯不僅提出USP理論，而且成功地為多家公司設計過此類廣告，諸如總督牌香菸「只有總督牌香菸在每個過濾嘴中有2萬個濾瓣」，弗萊斯曼牌人造奶油廣告中不斷提到「玉米油製造的奶油」等，都是他的經典之作。那麼，USP理論到底有哪些特點？又有何功能呢？

USP具有三個非常明顯的特點：一，每一個廣告都應該有明確的利益承諾；二，廣告必須說明產品與同類競爭產品的不同之處；三，廣告必須促進銷售。

羅瑟·里夫斯進一步強調，USP理論的實質可以解釋為：廣告是針對消費者提出的獨特的銷售主張，這個主張是競爭對手從沒有也不可能提出的，主張應該具有推銷力和號召力，能夠影響大眾。另外，主張的獨特性還可以表現在商品的個性上，或者品牌的個性以及相關請求上。

**羅瑟·里夫斯（1910年～1984年）：美國廣告大師，世界十大廣告公司之一達比思廣告公司董事長。他提出USP理論，對「科學派」廣告理論產生繼承和發展作用，他為M&M's巧克力所寫的「只溶於口，不溶於手」的廣告詞廣為流傳。**

# 沙發床——廣告定位

**所謂的廣告定位是指廣告主透過廣告活動，使企業或品牌在消費者心中確定位置的一種方法。**

伊藤光雄在日本享有「最能幹的推銷員」美譽，有一次，他被派往愛知縣去推銷法國床。接到任務後，他即刻啟程趕往愛知縣，準備調查當地居民消費情況。經過一番深入調查，他發現這個城市的居民相當富裕，而且很多家庭缺少家具，絕對有購買法國床的能力，潛在市場也很巨大。

然而，在推銷過程中，伊藤光雄卻遇到了麻煩：在日本，絕大多數人按傳統習慣睡「塌塌米」，他們對法國床一點也不瞭解，只想購置沙發。瞭解到此情況，伊藤光雄體認到，想要直接推銷法國床，肯定會碰壁，人們不會接受它。既然他們想買沙發，何不把沙發和床聯想在一起，以沙發床的名義推銷呢？

想到做到，伊藤光雄立刻製作了關於沙發床的廣告，進行宣傳推銷。這則廣告內容如下：「這種家具，白天可以用來做接待客人的沙發，客人會感到它既美觀又大方；到了晚上，它又可當床，先生、太太都能睡得很舒服。再也沒有像這樣一舉兩得的事了。」

果然，廣告一打出，立即吸引了當地居民，他們對這種兩用產品十分好奇，有了嘗試的願望。很快，沙發床推銷一空。伊藤光雄趁機而上，進一步為當地居民引進了雙人床、雙層床、鐵床……各種新式洋床逐漸進入愛知縣，改變了以往人們對於洋床的看法，也促使了當地人們生活的改觀。

這是一個透過為產品重新定位進行廣告宣傳的典型案例。在廣告學中，定位理論十分重要。所謂的廣告定位是指廣告主透過廣告活動，使企業或品牌在消費者心中確定位置的一種方法。

定位理論的創始人艾・里斯和傑・特勞特指出：「定位是一種觀念，它改變了廣告的本質。」正確的廣告定位主要有以下幾方面的作用：有利於進一步鞏固產品和企業形象；是說服消費者的關鍵；準確的廣告定位有利於商品識別；準確的廣告定位是廣告表現和廣告評價的基礎；準確地進行廣告定位有助經營管理科學化。

定位可以在廣告宣傳中，為企業和產品創造、培養一定的特色，樹立獨特的市場形象，進而滿足目標消費者的某種需要和偏愛，為促進企業產品銷售服務。

**定位從產品開始，可以是一種商品、一項服務、一家公司、一個機構，甚至於是一個人，也許可能是你自己。但定位並不是要你對產品做什麼事。定位是你對未來的潛在顧客心智所下的工夫，也就是把產品定位在你未來潛在顧客的心中。所以，你如果把這個觀念叫做「產品定位」是不對的。你對產品本身，實際上並沒有做什麼重要的事情。**

——定位理論的創始人艾・里斯和傑・特勞特

# 突然長大的嬰兒洗髮精——市場定位

**市場定位就是指把市場細分的策略運用於廣告活動，將產品定位在最有利的市場位置上，並把它做為廣告宣傳的主題和創意。**

美國詹森公司以生產嬰兒洗髮精聞名於世。之所以選擇嬰兒的消費群，與當初產品特性有關。一開始，詹森開發生產的洗髮精，品質獨特，不含鹼質，因此洗髮時有一特殊優點，那就是不會刺激眼睛。針對此，公司將產品定位在「嬰兒」市場，可謂獨樹一幟，在與眾多商家競爭過程中，取得輝煌戰績，因此人們也把詹森公司當作「嬰兒」洗髮精的象徵。

可是後來，卻發生了一件怪事，詹森公司一反常態，推出的廣告大力強調為母親和青少年服務，一時間引起美國人們的強烈好奇，人們議論紛紛，有的說：「怎麼回事？詹森的廣告是不是打錯了？」有的說：「噢，詹森不再為嬰兒服務啦！」不少困惑的顧客打電話諮詢，希望得到公司的解釋。一家報紙更是以「突然長大的嬰兒洗髮精」為題報告此事。

面對諸多困惑和不解，詹森公司十分坦然地道出了自己的心聲：「目前，美國嬰兒出生率下降，嬰兒用品市場縮小，所以，我們在廣告宣傳中，改變了以前的說法，就是希望擴大產品適用範圍。」

人們恍然大悟，詹森的嬰兒洗髮精獨具特色，這一點雖然適用嬰兒，但同樣適用其他人，為什麼不將這種優良品質擴大，為更多的人服務呢？

廣告宣傳一舉成功，詹森的嬰兒洗髮精順利「長大」，銷售量持續增長。

詹森公司為嬰兒洗髮精重新定位，進而保持了產品市場順利擴展。這種定位策略就是市場定位。市場定位由美國學者阿爾・賴斯在20世紀70年代提出，最初是一個重要的行銷學概念，隨著廣告學發展，被引用到廣告學中。

簡單地說，市場定位就是指把市場細分的策略運用於廣告活動，將產品定位在最有利的市場位置上，並把它做為廣告宣傳的主題和創意。它在廣告實體定位策略中處於首位。所謂實體定位，指的是從產品的功效、品質、市場、價格等方面，突出該產品在廣告宣傳中的新價值，強調本品牌與同類產品的不同之處以及能夠給消費者帶來的更大利益。這種定位策略強調突出產品和企業之間的差異，應用非常廣泛，效果也比較明顯。

**廣告所進入的是一個策略為王的時代。在定位時代，去發明或發現了不起的事情也許並不夠，甚至還不重要。你一定要把進入潛在顧客的心智，作首要之圖。**

——美國行銷專家、定位理論的最早提出者艾・里斯和傑・特勞特，1981年

# 狐假虎威——對抗競爭定位

**對抗競爭定位，顧名思義，就是企業不服輸，與強者展開競爭，以此顯示自己的實力、地位和決心，並力爭取得與強者一樣的、甚至超過強者的市場佔有率和知名度。**

詹森黑人化妝品公司是一家只有500美元資產、3名員工的名不見經傳的小公司。但是，詹森公司不想坐以待斃，他們決定想辦法變換這種不利的局面。

當時化妝品市場流行一種觀念，人們在購買化妝品時，往往是衝著某種產品的良好聲譽去買的。這種情形，自然對詹森公司更加不利。

但是，詹森公司就是從這種情形中發現了解決問題的辦法，他們生產了一種叫「粉質化妝膏」的產品後，開始了實施計畫：他們要藉當時化妝品行業的泰斗佛雷公司的名聲一用。

於是，化妝品市場上出現了這樣的廣告：當你用過佛雷公司的產品化妝之後，再擦上一層詹森公司的粉質化妝膏，將會收到意想不到的效果。這則廣告播出後，立即引起轟動，愛美人士議論紛紛：「詹森是一家什麼公司？」「啊，它肯定是一家非常優秀的公司，要不然怎麼能和佛雷公司齊名。」就這樣，在佛雷公司的「幫助」下，詹森公司一夜成名，產品銷售量大增。緊接著，詹森公司生產出一連串新產品，並強化廣告宣傳，只用了短短幾年的工夫，便將佛雷公司的部分產品擠出了化妝品市場。從此，美國黑人化妝品市場成了詹森公司的天下。

與詹森公司一樣取得成功的還有很多公司。這家公司的老闆高原慶原是一家特殊紙製品公司的職員。1974年，他發現婦女專用的衛生棉需要量很大，決定從事這一有前途的行業。他首先進行了調查，發現在當時的日本市場和國際市場上，「安妮」是最著名的品牌。「安妮的日子」已經成為婦女月經來潮的代名詞。高原野心勃勃，決定直接針對「安妮」而挑戰，打破它的壟斷地位。

於是，高原開始了認真的試驗，在研製成功了比安妮品質更高的產品後，他開始著手廣告宣傳工作。這時，他意識到一個問題，自己的資金微薄，不可能像實力雄厚並已成為名牌的「安妮」那樣，不惜成本大做廣告。怎麼樣能夠快速推出自己的產品呢？聰明的他想到了一個好主意，決定讓安妮為自己的產品做襯托，為自己開路。

這個辦法實施起來不算困難，高原帶著自己的產品，親自到各家銷售「安妮」的商店去，說服店主將自己的產品和「安妮」並排放在一起。很快，日本很多商店都出現了高原的產品，而且無一例外與「安妮」擺在一起，這無疑向人們宣告：一件與「安妮」齊名的新產品問世了。

結果，高原的產品依靠「安妮」，成功地贏得了消費者認可。隨後，高原又不斷改進產品，最終取代「安妮」成為日本最具影響的名牌衛生用品。

上述兩個企業在成長過程中，採取的以大企業為依靠，襯托發展自我的策略廣告，是一種對抗競爭定位。

對抗競爭定位是定位理論的一個分支，在實踐當中，曾經被很多企業採用。其中，最有名的可算是美國的百事可樂，它和位居首位的可口可樂展開競爭，在競爭過程中，它逐漸發展成僅處於其後的第二大可樂型飲料。

和其他定位策略一樣，對抗競爭定位也可以在廣告宣傳中為企業和產品創造、培養一定的特色，樹立獨特的市場形象，進而滿足目標消費者的某種需要和偏愛，為促進企業產品銷售服務。

**廣告或許只有一個基本規律。數不盡的廣告公司，成千上萬的製造商和眾多的破產者都會站出來證明其真實性。這一規律就是：如果產品不能滿足消費者現有的某些欲望或需求，那麼其廣告終將失敗。**

——著名廣告人、USP理論的提出者羅瑟．里夫斯

# 非可樂——反類別廣告

**反類別定位又稱為「是非定位」。它是指當本產品在自己應屬的某一類別中難以打開市場，利用廣告宣傳使產品概念「跳出」這一類別，藉以在競爭中佔有新的位置。**

1929年，格裡格發明了一種新飲料，這種飲料含有鋰元素，還有特別的檸檬口味，因此將銷售對象定位為有嬰兒的母親，並取名「圍裙牌氧化鋰檸檬酸」。他們在廣告中宣稱「最適合小寶寶腸胃」。可是，新產品上市兩週後，遇上股市大崩盤，銷售情況十分不妙，只得勉強維持。經濟大蕭條後，產品易名「七喜」，繼續艱難經營。

1959年，美國進行了一次軟性飲料調查，此時，很多人根本不知道「七喜」，由此來看，歷經30年發展，「七喜」並沒有成功。這時，七喜公司決定為產品重新定位，擴大它的影響力和銷售量。

然而，此時的美國已有「可口可樂」、「百事可樂」兩大飲料品牌，成功佔領軟性飲料市場的大部分佔有率，小小的「七喜」有什麼資本和他們競爭呢？面對此難題，七喜沒有退縮，反而看到了其中巨大的市場：在美國，儘管可口可樂和百事可樂佔去軟性飲料市場70%的比率，可是剩餘30%的比率卻被各種雜牌產品佔領，如果七喜能夠佔領這30%的比率，其銷售量也是相當客觀的。考慮到此，七喜在1968年2月，提出了「非可樂」行銷概念。他們在廣告中如此介紹七喜：「清新，乾淨，爽快，不會太甜膩，不會留下怪味道。可樂有的，它全有，而且還比可樂多一些。

「七喜」……非可樂。獨一無二的非可樂。」

這些廣告推出以後，立即產生巨大迴響。當時，不管是政治、休閒或社會問題，都在大做「我們」對抗「他們」的文章。「他們」指的是年老、保守、落伍的人士，比如「披頭四」經常在歌曲中嘲笑的對象。相反地，「我們」則是時髦、新潮的年輕人，也就是每個星期天在紐約中央公園聚會狂歡的一群。「七喜」正是藉助於此，在非可樂的廣告主題中，把可樂定位成是「他們」，而把自己定位成是「我們」，這是第一個採用這種反權威立場的商業性產品。

結果，七喜一下子提高了知名度，具有反叛意味的定位使得它打動年輕人的心，獲得認同感。於是，七喜銷路大增，在一年內銷售量增加14%，到1973年增加了50%。這是七喜公司創立以來，知名度首次提高到足以出售附屬產品的程度。

之後，七喜飲料公司瞭解到美國人日益關心咖啡因的攝取量，有66%的成人希望能減少或消除飲料中的咖啡因，而七喜汽水正好不含咖啡因。於是七喜飲料公司又在1980年發起「無咖啡因」戰役，它在廣告中說：「你不願你的孩子喝咖啡，那麼為什麼還要給孩子喝與咖啡含有等量咖啡因的可樂呢？給他非可樂，不含咖啡因的飲料──七喜！」這下子擊中了兩大可樂的要害，產生了強大的衝擊波，導致七喜飲料銷售量大增，成為僅次於可口可樂、百事可樂兩大巨人之後的第三大飲料。

七喜兩次成功定位策略使公司一舉成名，成為廣告戰略史上具有戲劇性的、了不起的事件。它的定位策略是典型的反類別定位，屬於實體定位的一類。

反類別定位具有極強的宣傳效果，在廣告實戰中非常受歡迎。比如，美國有一家生產Polaroid照相機的公司，要向世界生產照相機最優秀的日本推銷，由於日本已有佳能、美能達等各種非常優秀的照相機存在，很難打入，因此Polaroid公司就採取了反類別定位策略，他們在廣告宣傳中聲稱把一種「只要10秒鐘就可洗出照片來的喜悅」提供給日本人，使日本人覺得這是一種人生的享受和樂趣，而非照相機產品。這樣，他們藉此成功打入了日本市場。

**史坦利・雷索（Stanley Resor，1879年～1964年）：耶魯大學畢業生，畢業後在辛辛那提開設一家小廣告公司。後來開設了智威湯遜辛辛那提分公司。1916年，遷到紐約後的雷索和他的合夥人以50萬美元買下了智威湯遜公司，重新賦予公司活力。雷索是第一位有大學背景的廣告經理，他在智威湯遜公司率先變革，將心理學、社會學等學科的知識引入廣告界，並推動了廣告向市場行銷領域的發展。**

# 我們是第二——逆向定位

**所謂逆向定位，就是使用有較高知名度的競爭對手的聲譽來引起消費者對自己的關注、同情和支持，以達到在市場競爭中佔有一席之地的廣告定位策略。**

艾維斯（Avis）計程車公司從1952年成立至1962年一直虧損，到1962年底虧損已達125萬美元。當時的計程車業每年有25000美元的市場，其中赫茲租車公司佔有絕對性優勢，其營業額為6400萬美元，而艾維斯公司只有1800萬美元。看起來，艾維斯公司生存艱難，想要突破目前狀況，有所盈利，真是件極其困難的事。公司孤注一擲，決定邀請紐約最受好評的DDB廣告公司為其設計廣告，以做最後的一搏。

接到邀請，DDB廣告公司立即展開周密調查，經過反覆研究，廣告大師伯恩巴克力排眾議，大膽地提出了一項廣告創意策略——「We Are No.2（我們是第二）」。這就是後來著名的「老二主義定位」，也叫逆向定位。在這次廣告文案寫作中，伯恩巴克堅持一點，始終貫穿著「老二」的口氣，避免直接與排在第一的赫茲公司做比較。

廣告的標題就是：在汽車出租行業中艾維斯只是老二。

副標題為：原來如此，為何仍乘坐我們的汽車？因為我們更為賣力！

最後，正文寫道：「我們只是無法忍受骯髒的菸灰缸，或是半空的油箱，或是用舊了的雨刷，或是未加洗淨的轎車，或是充氣不足的輪胎，或是無調整座位的調

整器、加熱的加熱器、除霜的除霜器，還有不重要的任何事物。

顯然，我們在全力以赴地求取完美。讓你出發時有一輛活潑、馬力充足的福特新車以及愉快的微笑。嗯，讓你知道在Dnluth的什麼地方能買一個又好又熱的五香牛肉三明治。為什麼？

因為我們無法讓你白白地照顧我們，下一次請搭乘我們的車，我們櫃檯前排的隊比較短。」

廣告一經推出，立即引起了廣大消費者的關注，並產生了相當強烈的效果。人們議論紛紛：「噢，原來艾維斯是出租業的老二。」「是啊！以往我們只知道赫茲，卻不知道艾維斯，看來，艾維斯也不錯。」就這樣，艾維斯從瀕臨倒閉一下子「躍居」第二，名聲大振。

接著，伯恩巴克又幫助艾維斯公司推出一連串廣告，其中，他們一再突出艾維斯公司的排名第二這一主題，同時又詳細說明自己雖然位居第二但並不甘於落後的經營宗旨。在另一個廣告中，廣告的正文是這樣寫的：「我們在租車業，面對世界強者只能做個老二。最重要的，我們必須學會如何生存。我們知道在這個世界裡做老大和老二有什麼基本不同。做老二的態度是：做好事情，找尋新方法，比別人更努力。艾維斯公司的顧客租到的車子都是乾淨、嶄新的，雨刷完好，油箱加滿，而且艾維斯公司各處的服務小組個個笑容可掬。」

就這樣，艾維斯公司轉虧為盈，結束了長達13年的虧損狀況。第一年贏利120萬元，第二年260萬元，第三年500萬元。艾維斯計程車公司從弱勢品牌翻身，並獲得高額的利潤。

艾維斯公司的成功告訴我們，逆向定位在廣告宣傳中具有十分獨特的地位。逆向定位的獨特之處在於，它參照競爭對手來定位，這與以突出產品的優異之處的正向定位相比，可謂反其道而行之。

在參照對手時，有兩點需要注意：一是競爭者應該有一個穩固的、長期的良好形象，這樣才能夠藉助其來宣傳自己的形象；二是強調自身更優秀的地方一定要突出和競爭者的對比性，這樣才能達到逆向定位的效果。

**我認為這張照片（指「上帝之吻」）充分表達了關切、真誠與和平等感情。**

──德國阿爾澤（Akey）的修女芭芭拉（Barbara）在寫給貝納通公司的信中說道

# 創造口臭——功效定位

**功效定位，指從產品的功能這一角度，在廣告中突出廣告產品的特異功效，使該品牌產品與同類產品有明顯的區別，以增強競爭力。**

1895年，李施德林的產品投入市場，當時主要用於醫學領域，比如，用於小型手術中的棉紗繃帶消毒、用於各種清潔操作、用來殺滅口腔細菌，這些作用決定它的應用面比較狹窄，最多用來治療牙科疾病。

做為醫藥用品，李施德林不能普及使用，因此銷售量也不高。於是，吉拉德·藍伯特（Gerard Lambert）主張尋求新的管道擴展李施德林的產品用途，並希望將李施德林打進商業市場。對於這個大膽的想法，很多人並不理解，甚至就連他請來的廣告公司人員對此也興趣不大。

但是，吉拉德·藍伯特認定了目標就不肯甘休，他找來了喬頓·西格魯威和另一位廣告文案撰稿人彌爾頓·福斯爾，三人共同商議廣告工作。

在商議研究過程中，他們發現口腔是細菌的溫床這一點早已眾所周知，但很少有人注意到呼吸異味其實就是疾病的徵兆。那麼，是不是可以把呼吸做為廣告創意的出發點呢？大家商量來商量去，一時拿不定

5主意。最後，吉拉德．藍伯特說：「還是先請藥劑師來講講產品和它的用途，也許我們能有新的發現。」

藥劑師來了，他十分流利地訴說著關於口腔疾病的種種知識，關於產品對口腔疾病的各種用處，突然間，一個語詞在吉拉德．藍伯特眼前一亮，他興奮地說：「對，就是它，這正是李施德林要找的東西。」

藥劑師和聽講的人不解地看著他，發出詢問：「到底是什麼？」

「口臭，」吉拉德．藍伯特激動地說，「消除口臭，這才是李施德林的最大用途。」

大家聽了，仔細琢磨，都認為這是個十分搶眼的話題，一致贊同藍伯特的主張。

可是，接下來還有十分為難的問題，這就是能否在媒體上公開討論「口臭」這個微妙話題，會不會引起公眾反感？導致計畫失敗？

藍伯特經過再三思索，找到了一個十分巧妙的辦法。1923年，李施德林提出了著名廣告口號「總是伴娘，從未當過新娘」。它用戲劇性的人物故事婉轉地表達「除口臭」這一敏感話題，透過廣告製造憂慮，有效地改變美國人的衛生習慣。之後30年間，這一標題繼續與不同的廣告詞和不同的廣告插圖一起使用，一直不曾換下。

他們設計的廣告情節是這樣的，正當適婚年齡的年輕人之間，提出這樣的問題：「如果不是這樣，我會與他快樂地在一起嗎？」、「別欺騙自己了，它（口臭）破壞了浪漫氣氛。」、「口臭讓你不受歡迎。」

而後，隨著不同時代人們關注點不同，李施德林也不斷變化著創意思路。比如，在經濟蕭條時期，李施德林在廣告中提醒大家，口臭可能會令你丟掉工作；在禁酒期，藍伯特曾建議增加產品中的酒精含量等。

藍伯特為李施德林產品找到了最好的定位，先製造問題——生活中的種種尷尬，然後再推出解決問題的良方。事實證明，李施德林的廣告是成功的。到1928年，李施德林已經是雜誌廣告的第三大廣告主。從1922～1929年，李施德林的盈利額從11.5萬美元增長到800萬美元。即使在股市暴跌時，李施德林依然是報紙雜誌廣告的最大買家，花費超過500萬美元——幾乎是每年的利潤總額。

在實踐當中，透過功效定位廣告策略，進而達到宣傳效果的案例非常多。在功效定位時，除了宣傳產品本身已經具有的功效外，還可以根據具體情況增加產品功效。在這方面，香港錶就是一個成功案例。無論從品質還是技術、工藝方面，香港手錶都無法與瑞士的「勞力士」、「雷達」，日本的「西鐵城」、「雙獅」手錶相比。但是，聰明的香港手錶商發現，瑞士、日本的手錶雖好，功能卻比較單一。於是，他們獨闢蹊徑，針對瑞士、日本手錶的單一功能定位，推出了多功能定位的手錶。他們設計製作了時裝手錶、運動手錶、筆手錶、鏈墜手錶、情侶手錶、兒童手錶、計算手錶、打火機手錶、時差手錶、報警手錶、里程手錶等。結果，香港手錶以其多功能暢銷全世界，獲得空前成功，躍居瑞士、日本之上，成為世界三強之首。

**就算我活到100歲，也寫不出像金龜車那樣的廣告。我非常羨慕，它給廣告開闢了新的途徑。**

——大衛·奧格威

# 賣的就是高價——價格定位

**價格定位，就是把自己的產品價格定位於一個適當的範圍或位置上，以使該品牌產品的價格與同類產品價格相比較而更具有競爭實力，進而在市場上佔領更多的市場比率。**

80年代，中國某科學院皮膚病研究所研製了一種外用減肥霜，並且在一家保健日化廠試製開發。經過多次試驗改進，最終確定了最佳配方。1989年，產品開始上市銷售，引起不少消費者關注，使用人數迅速遞增。

有一次，一位英國客商瞭解到這種產品，決定親自試用，結果用了兩罐後，腰圍縮小了8公分。他十分高興，一下子訂了6萬元的貨。透過英國客商，減肥霜很快推向了國際市場，遠銷日、美、歐各國。奇怪的是，國內市場一直反映平淡，儘管有人用了以後效果不錯，可是遠遠沒有造成轟動效應。

這時，另外一個廠商也購買了此種產品的配方，並很快投入生產。不久，第一批產品上市了，這個廠商採取了與原來保健品廠不同的做法，他們將本來賣20～30元的減肥霜賣70元一罐，同時，他們投入大量資金買下電視黃金時段，進行廣告宣傳，配合頗具聲勢的「跟蹤服務大聯展」，讓消費者享受到高品味的減肥諮詢、檢測等服務。透過這些廣告手法，他們的產品一炮打響，很快家喻戶曉，成為減肥保健品的佼佼者。

至此，瞭解其內幕的人不禁感慨道：「一分錢一分貨，價高總比價低好啊！」

同樣的故事還有很多。前些年，日本東京濱松町的「TOMSON」咖啡屋推出了一種5000日元一杯的高級咖啡。這個廣告剛一發佈，立即引起東京人們的驚訝。在當時，一杯普通的咖啡只要100日元左右，而現在，他們竟敢賣到5000日元一杯，確實太昂貴了，貴得讓人無法不吃驚。

但是，吃驚歸吃驚，慕名前來消費的顧客依然很多，他們抱著一個目的，那就是看看這種咖啡到底為什麼這麼值錢？

讓所有顧客非常滿意的是，「TOMSON」咖啡屋針對5000日元一杯的咖啡做出了極其豪華和周到的服務。這種咖啡由名師當場精製而成，味道可口而特殊。咖啡屋裡裝飾華貴，猶如宮殿，服務員們穿著古代皇宮服裝招待顧客，把他們當作帝王一樣伺候著。最讓顧客開心的是，飲用完畢，咖啡屋會送給每個顧客一個價值4000日元的法國杯子。這樣算起來，5000日元一杯的咖啡貴不貴呢？

咖啡屋老闆森之郎說：「其實，我們推出的5000日元一杯的咖啡根本不賺錢。」

公眾譁然，既然不賺錢，為什麼還要推出呢？

森之郎回答：「賣5000日元一杯的咖啡，我們是不賺錢的。我們要靠賣其他便宜的飲料來維持。然而，這5000日元一杯的咖啡比任何宣傳都更加有效，它能吸引成千上萬好奇顧客的光臨。」

上面兩個故事中，商家透過高價格定位取得了成功，說明了價格定位在廣告宣傳中的重要性。

自古以來就有物美價廉的說法，指的是產品品質高、價格低，這是人們對產品價格的美好追求，是最受歡迎的一種價格定位。然而，在實際定位策略中，要做到高質低價並不容易，因此廠商往往會根據個人的情況採取不同的價格定位。

在價格定位策略中，除去考慮產品品質外，其他因素影響也很大，比如消費者心理作用，因此，高價還是低價，定位前必須考慮到要滿足消費者的心理價值。另外，品牌在服務、產品特性和產品表現等方面做得不同，也會影響產品的價格定位。比如一些運作成本較高的品牌，價格往往較高，這樣可以抵消它的成本，還能宣傳它的高品質。與之相反，有些品牌品質中等，卻將價格訂的較低，這是靠價格來擴大市場佔有率。

總之，價格定位直接關係產品銷售，是廣告學和廣告活動中十分敏感和重要的課題。

**一個公司必須在其潛在顧客的心智中創造一個位置。對此位置所要考慮的，不只是自己公司的強項與弱點，對於競爭者的強項與弱點也要一併考慮。**

——艾·里斯

# 真美運動——整合行銷概念

**所謂整合行銷傳播（即Integrated Marketing Communication，縮寫為IMC），是一個關於行銷溝通計畫的概念，它認為整合性的計畫是有附加價值的。**

多芬（Dove）成立於1957年，以生產女性肥皂為主。1979年，一個獨立的臨床研究顯示，Dove香皂的溫和性比17種主要香皂都高。因此，皮膚科醫生大力推薦，報紙文章爭相報導，朋友之間紛紛相告，多芬名聲大振。

2004年，多芬推出了一項有趣的活動：在《TIME OUT》雜誌上刊登「尋找欣賞自己曲線的樂觀女性」廣告，結果，不少女性踴躍報名，最終選出了6位女性現身2004年3月29日的「真人廣告」（倫敦）。這是6位豐滿的女性，穿著統一的白色內衣，看上去十分親切。

活動不但吸引了很多女性，也引起人們強烈關注，人們議論紛紛：「多芬要做什麼？」「能夠在雜誌上秀一把，確實不錯。」「難道真的每個人都有機會嗎？儘管我自認為漂亮，可是比起那些明星差遠了。」

在人們的議論聲中，多芬發起並贊助「美麗的真諦——女性、美麗和幸福全球調查」活動。他們首先對全球118個國家、22種語言的相關文獻進行整理，得到對美麗的傳統觀念和看法；然後對10個國家3200名女性進行電話訪問；最後，根據調查情況，撰寫報告，發佈白皮書。9月29日，「多芬高峰會」召開，會議邀請哈佛心理學教授Nancy Etcof以及非常著名的英國心理治療師Susie Orbach，探討如何幫助女性學會

瞭解和處理外形和心理感受的關係，並且學習如何塑造「理想的」形象。

10月份，多芬公司正式拉開「多芬真美運動（Real Beauty Campaign）」序幕。他們建議女性認真思考一下關於美麗的問題，比如社會對美麗的定義問題、要求完美的問題、美麗和身體吸引力之間的差別、媒體塑造美麗形象的過程和手法等等。

活動推廣不久，多芬在活動前推出的6位真人廣告基礎上，又推出一組新廣告。在這組廣告中，多芬另外選用了6位年齡從22歲到95歲的「典型女性」，展現她們自信、生動、充滿活力的一面，並在他們的照片旁邊提出諸如「有皺紋還是非常棒？（ Wrinkled？Wonderful?）」、「灰色還是出色？（Gray? Gorgeous?）」、「超重還是出色？（Oversized? Outstanding?）」、「半空還是半滿？（Half empty? Half full?）」、「瑕疵還是無瑕？（Flawed? Flawless?）」等問題。

至此，多芬歷時半年多的活動成為女性最為感興趣的話題。多芬又發佈消息，請消費者上網進行美麗投票。這下子，更加調動了消費者積極性，投票活動十分踴躍，越來越多的人開始關注多芬。

2005年2月，多芬從前兩次真人廣告中選取眾人熟知的女性，繪製卡通形象，做為新產品的主角，開啟了廣告活動。這些形象都是一些大家耳熟能詳的代表性人物，被大眾認為值得信賴，並加上和自己有相似性，更加覺得親切，因此推出後大獲成功。

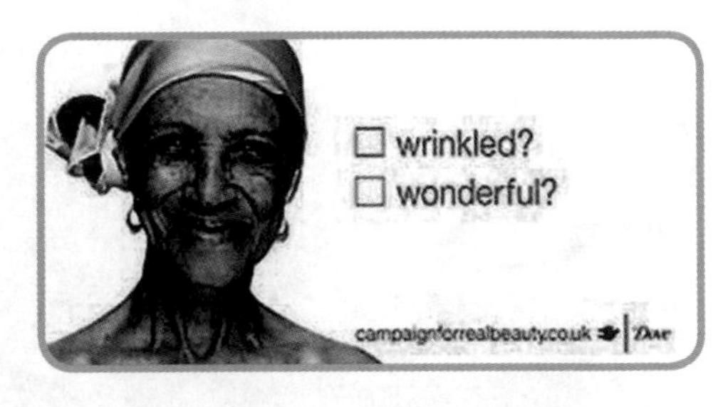


這些卡通人物的形象從2005年2月開始出現在電視廣告、若干頂尖雜誌上，同時與福克斯（FOX）電視網的其他著名動畫形象一起出現。此外，多芬公司還多方運用了公關、店內促銷、戶外媒體及其他行銷手法，聯合促進這次廣告行動，最終，這場美麗運動大獲成功。

多芬向人們展示了一次成功的整合行銷活動。在整合行銷中，廣告策略是整合行銷傳播的重要組成部分，也是整合行銷傳播成功的關鍵。

整合行銷傳播的展開，是20世紀90年代市場行銷界最為重要的發展，整合行銷傳播理論也得到了企業界和行銷理論界的廣泛認同。他經歷了80年代以前的4P階段、定位理論階段，在80～90年代逐步發展，到21世紀走向成熟。

從廣告策略的重要性和特點來看，進行整合行銷宣傳時，需注意仔細研究產品，明確這種產品能滿足消費者哪一方面的需求；鎖定目標消費者，確定什麼樣的消費者才是銷售目標；比較競爭品牌的優勢以及其市場形象；樹立自己品牌的個性；明確消費者的購買誘因，加強廣告的說服力，透過內容和形式的完美結合說服消費者；提出旗幟鮮明的廣告口號；對各種形式的廣告進行整合等等。

**整合行銷傳播是一種看待事物整體的新方式，而過去在此我們只看到其中的各個部分，比如廣告、銷售促進、人員溝通、售點廣告等，它是重新編排的資訊傳播，使它看起來更符合消費者看待資訊傳播的方式，像一股從無法辨別的泉源流出的資訊流。**

──美國學者舒爾茲、唐列巴姆和勞特鮑恩

# 好感覺跳出來——4C概念

**4C即：消費者的需求和欲望（Consumer Want And Need）、消費者滿足欲求需付出的成本（Cost）、產品為消費者所能提供的方便（Convenience）、產品與消費者的溝通（Communication）。**

1989年，日本豐田公司在澳大利亞的廣告宣傳遇到了麻煩。本來，根據當時的汽車行情，豐田公司在世界各地的汽車廣告都已改變了原先老套的風格，可是固執的澳大利亞廠商卻堅持原來的風格，執意保留原先的口號「跳起來」。這樣，豐田在澳大利亞的銷售就受到影響，因此公司非常煩惱，負責其廣告的盛世長城行銷公司也頗感頭疼，他們苦思冥想，如何套用一個觀眾幾乎已經看到厭倦的舊廣告，推動該品牌繼續發展呢？

盛世長城行銷公司開始了艱難的探索之旅，這天，他們召開會議，繼續商討研究這個問題。有人嘆氣說：「這樣的舊廣告早就該淘汰了，不會有人感興趣，再在上面想辦法也是白費力氣！」

有人附和道：「對，產品不斷更新，廣告卻是老套，這本身就不合理。」

難道真的沒有辦法了？突然，有人站出來說：「既然廠商如此鍾愛『跳起來』這句口號，我想肯定有它的道理。這句『跳起來』除了表達產品的性能外，一定還有別的內涵。」

這句話提醒了大家，當時，廣告界流行一種新理論，注重表達訴求，也就是強

調消費者的感覺，因此，他們繼續分析下去，得出了意想不到的答案：「跳起來」這句口號表達的核心不是「跳」的動作，而是強調「好感覺」，強調消費者對於產品的感受。這一發現讓他們豁然開朗。要知道，大多數汽車廣告的銷售重點都是賣「車」、賣「金屬」，強調產品性能，而豐田這個賣「感覺」的點子，顯然要有趣、新穎得多。

找對了豐田品牌的關注重點，廠商和廣告代理一起找到了豐田下屬各款汽車所共有的感覺，這將成為新廣告的表達核心。於是，根據每款車型，他們設計了獨立的個性和截然不同的廣告宣傳，讓人充分感受到產品帶來的愉悅感。這也成為豐田汽車與其他汽車的區別之處。

這次挖掘「感覺」的活動收到了很大的收穫，廠商和廣告代理不知不覺中學會了從消費者的角度觀察汽車，而不僅僅是做為產品製造者、推銷者欣賞汽車。

接著，各種關於「跳」的廣告在電視上出現了。首先進入人們眼簾的是一隻小雞正在橫越馬路，一輛佳美以令人驚訝的速度飛駛而來，眼看著這不幸的小傢伙就要成為車下遊魂。小雞被嚇了一大跳，驚訝地「跳」到了半空。這段廣告持續播出了整整十年。小雞成為澳大利亞最受歡迎的廣告偶像之一，後來，牠還被設計成一個吃得大腹便便的玩具娃娃。

當然，「跳」起來的不僅僅是小雞，很快，各種更有創意、更讓人難忘的「跳」出現了，帽子被興奮地拋向空中。人們從窗邊縱身一躍。一頭乳牛跳上了月亮。這還不算，還有一隻海豚優雅地從海面躍進沙漠！如此種種創意，讓豐田車不「紅」都難，這也使得它牢牢地佔據了澳大利亞汽車市場。

這個套用舊廣告大獲成功的故事成為廣告界的典範之作，也印證了整合行銷傳播中廣告策劃從4P到4C的發展情況。

所謂4P，既產品（Product）、價格（Price）、管道（Place）、促銷（Promotion），這一理論產生於20世紀60年代，其提倡者科特勒認為「如果公司生產出適當的產品，訂出適當的價格，利用適當的分銷管道，並輔之以適當的促銷活動，那麼該公司就會獲得成功」。根據這一理論，公司在進行廣告宣傳時，大多強調產品的性能、價格，注重選擇適當的媒體，而對消費者缺乏瞭解和關注。

隨著市場競爭白熱化，這種只考慮公司和產品，只在乎銷售者，而不從買方角度考慮問題，不為他們提供利益的宣傳策略受到了衝擊，80年代，美國勞特朋針對4P存在的問題提出了4C理論，這一理論包括：消費者的需求和欲望（Consumer Want

And Need）、消費者滿足欲求需付出的成本（Cost）、產品為消費者所能提供的方便（Convenience）、產品與消費者的溝通（Communication）。

從4P到4C，廣告開始以消費者為中心，它強調注意消費者的需求與欲望，從消費者角度出發，考慮成本問題。另外，廣告宣傳還突出便利特點，以全面滿足消費者，提供盡可能完善的服務，在宣傳中達到與消費者的交流與溝通。

總之，從4P到4C，是整合行銷宣傳發展的重要過程，這些理論豐富了廣告學的內容，使廣告更好地為廠商、消費者服務打下了基礎。

DDB（恆美）：全稱DDB World Wide，是美國現在最大的廣告公司之一，它於1949年由廣告大師威廉·伯恩巴克（Bembach）等創辦。1986年由Doyle Dane Berlabach廣告公司和Needham Harper World Wide廣告公司合併而成。Needham也是一個重視廣告創意的廣告公司，兩家基於相同的理念和都想增強實力的目的而合併了起來。1995年世界總收入高達4.47億多美元，世界排名第五，以廣告具創意馳名於世，連續三年為獲取戛納國際廣告獎項最多的廣告公司，並被《廣告時代》雜誌選為95年最佳廣告公司。

# 「懶鬼」的麥片——廣告心理學

**一個成功的廣告，在於積極地利用有針對性的訴求，把廣告主所需傳播的資訊進行加強，傳遞給消費者，進而引起消費者的注意，使消費者對廣告主的產品發生興趣，並不斷刺激消費者的欲求，促使其產生購買行為。**

開樂氏公司以生產速食類穀物食品和方便食品聞名於世，產品主要是吐司麵包糕餅、速凍華夫餅乾、麥片等等。

1991年，該公司成功開發「葡萄乾麥片」，這是一種葡萄乾、燕麥和蜂蜜的混合製品。產品在投入市場之前，公司邀請了JWT廣告公司負責它的電視和印刷廣告。

JWT廣告公司經過仔細分析和調查，設計了一則別具新意的廣告，這則廣告極富現代氣息，講述了一個情節：上午8點，陽光把緊閉的窗簾照得通亮。床頭的電子鬧鐘吵醒了睡在臥室裡的一個懶鬼。他起身來到亂糟糟的客廳，把睡得七橫八豎的另外三個懶鬼叫醒。四個蓬著頭、穿著寬鬆睡衣、尚在夢中的懶鬼陸續來到客廳，昏昏沉沉地嚼完麥片，把用過的盤子往水槽一扔，各自繼續回窩蒙頭大睡。片尾，開樂氏在畫面一角展現了誘使這群懶鬼中途掙扎著起床吃早餐的美味食品，廣告口號寫道：「早餐回來了！」（Breakfast is back！）

開樂氏公司接到廣告設計後，有些疑慮：「以往早餐麥片的廣告突出健康、營養，通常都是活潑有趣的情節，現在的懶鬼情節會不會影響產品形象？」

WT廣告公司分析說：「不會的，這樣才能抓住當代人心理。您想，以前早餐麥

片推向的目標消費群體是兒童、學生；繼而擴展至那些早晨分秒必爭的白領階級訴求，推廣方便快捷的早餐食用方法；可是現在，年輕一代成長起來了，他們生活起居更加隨意、鬆散，是一群孤獨的又喜群居的奇特『動物』，更加貪圖享受、及時行樂。試想一下，廣告情節中的懶鬼們或許剛玩了一個通宵的電子遊戲；或許剛開過一個徹夜的派對；或許整夜無所事事地開車在街上閒逛。我們以他們推出廣告，不是很有針對性，很有吸引力嗎？」

開樂氏同意了設計方案，於是，電視上很快播出了懶鬼廣告。此廣告片成功地把握了新消費群體的心理。廣告創意人員對這一遊戲化、娛樂化群體的特徵有充足的把握。同時，幽默化、戲劇化的情節，也能使包括白領階級和藍領階級在內的成人消費群體欣然接受「記得吃早餐」這一訴求精髓。

懶鬼廣告向我們展示了廣告傳播中心理的作用。簡單地說，廣告心理就是廣告宣傳透過對消費者的感覺和知覺刺激去激發消費者的認知過程的結果。這一過程，包括感覺和知覺、吸引注意、促進聯想、增強記憶、說服消費者五個環節。

現代社會中，廣告已經成為人們生活中不可缺少的一部分。成功的廣告製作者深諳滲透在廣告中的心理作用，他們能夠運用巧妙的方式和內容，調動視聽對象的心理需求，進而達到銷售產品，提高企業知名度的目的。

如何分析消費者的認知過程，如何把握消費者的心理特徵，如何透過對消費者認知與行為的研究來制訂有效的廣告策略，已經成為廣告心理學研究的重點，也是廣告效果測定、管理當中必不可少的手段之一。

**品牌是太陽底下最重要的事業……我們所做的一切都是為了塑造品牌——毫無疑問，品牌就是這世界上比現行宗教與政治法規還要重要的頭等大事。依據品牌我們得以認識這個世界，因此在我們每個人的生活當中品牌都相當重要。**

——英國HHCL廣告公司的創始人之一斯蒂文・亨利（Steve Henry）說

# 停不下來的兔子——吸引注意力

**注意具有兩大特點：指向性和集中性。**

永備公司是一家善用廣告的科技公司，下面，我們看一個關於他們公司勁量兔子的故事。

兔子名叫勁量，是一隻電動兔子，它打扮超酷，頭戴太陽眼鏡、腳穿沙灘鞋、身背印有勁量電池標誌的小鼓，最喜歡的遊戲就是不停地打鼓。這隻兔子參加過各種打鼓比賽，每次都能獲勝，原因是它的電池——勁量牌電池功效強大，超過其他所有電池產品。

看到這隻不知疲倦的兔子，你也許要問，哪裡有這種兔子？它為什麼不停地打鼓？

其實，這是李·克勞為永備公司創造的兔子形象，說起它的來歷，還頗為有趣。1975年，金霸王電池公司首先推出了一個兔子形象，它是一隻粉紅色的電動絨毛兔，在廣告中與許多兔子比賽打鼓，每次別的兔子不動了，它還能繼續敲。這是因為它裝著金霸王的電池，功效強大。可是後來，金霸王公司放棄了兔子形象。

5年後，李・克勞受邀為永備公司的勁量電池做廣告，他一下子想到了永備的競爭對手——金霸王的那隻兔子。他想，金霸王用兔子強調電池的能量強大，現在他不敲了，我可不可以接著敲呢？

經過反覆琢磨思考，李・克勞有了一個大膽的想法，他決定為兔子改頭換面，讓它繼續打鼓比賽，用誇張的方式表現勁量電池更耐用持久。

這樣，一隻超酷的兔子形象誕生了，電動兔子打鼓比賽又開始了。不過，這次的廣告詞換了，只聽一個聲音在說：「有的廣告上說某家電池的兔子最後獲勝，大家千萬不要被迷惑。」他的聲音將大家帶到了勁量兔子身上，只見它不知休止地敲打著鼓，鼓聲越來越近，那個聲音又說話了：「事實卻是，勁量電池根本沒有被邀請參加決賽。因為沒有人比得過勁量兔子，它總是在走啊走。」勁量兔子走進螢幕，一邊繼續敲鼓一邊不時把鼓槌舉過頭頂揮舞。只見這隻勇敢無畏的勁量兔子吧嗒吧嗒走下螢幕，居然走進了攝影棚。這時聽見導演在喊：「擋住那隻兔子！」可是這隻兔子根本無法阻擋，它大踏步穿過一個正在拍攝咖啡廣告的場景，接著穿過一個治鼻竇炎的藥物廣告，又來到一個葡萄酒廣告中，惹得廣告中的男演員目瞪口呆，撞翻了所有道具。這時只聽見旁白得出結論說：「沒有什麼比勁量電池更持久。它會讓兔子走啊走，總是在走。」

這個更加鮮明、突出、富有活力和個性的形象很快便吸引了消費者，超越了金霸王兔子，一舉成名。之後，這隻兔子不僅是最具知名度的廣告代言人，而且還成為一種文化符號。過去十幾年間，無論政界人士還是體育明星，從學校教師到英雄人物，幾乎人人都用勁量兔子來表現自己的持久力量。「勁量兔子最終成為耐力、毅力及決心的絕對象徵」。

廣告界流傳著一句話：「使人注意到你的廣告，就等於你的產品推銷出去一半。」如何吸引他人的注意力，就成為廣告心理研究的重要課題。

注意有兩大特性，一是指向性，指的是人的心理活動具有的選擇性，將心理活動有選擇地指向某一目標，同時離開其他事物。二是集中性，是指人的心理活動只集中於少數事物上。

在廣告活動中，只要能夠充分利用到這兩個特性，那麼就可以很好地吸引消費者，使他們對廣告宣傳的內容產生深刻的印象。

消費者注意廣告通常可分為無意注意和有意注意兩種。前者指事先沒有預定的目的，也不需做任何意志努力的注意。後者是一種自覺的、有預定目的的、在必要時還需要付出一定的意志努力的注意。區分兩種形式，可有助於在廣告設計時進行合理科學地策劃。

在瞭解注意的特性和形式的基礎上，就可以採取有效的辦法，達到吸引消費者注意的目的。比如說：增大刺激物的強度；增大刺激物之間的對比；提高刺激物的感染力；突出刺激目標。

**李·克勞（Lee Clow）：美國著名的廣告創意人，以富有創造力和力量的創意在廣告界聞名。曾在李岱愛公司（即TBWA）工作長達30年之久，創作過蘋果電腦「1984」廣告戰役和勁量兔子廣告。他認為廣告不是簡單的做生意，而是一門藝術。李·克勞堅持自己的觀點並堅持把一件事情做好。他相信創作出成功廣告的唯一辦法就是專注於手頭的工作，不要追隨既定的規則。**

# 顏色帶來利潤——視覺效果

**廣告宣傳就是從視覺、聽覺和知覺三種認知形式的刺激開始的。**

有一家肉舖，生意一直不錯，多年來盈利頗豐。老闆十分滿意，決定裝修門面，擴大經營。他親自選定了材料，設計了裝修的樣式，請來了最好的裝修團隊。果然，不出幾天，肉舖的裝修完成了，嶄新的門面，明亮的黃色油漆泛著耀眼的光澤，遠遠望去，十分氣派。

老闆很得意，他望著裝修一新的店舖想：以前我的店舖破舊，生意還相當興隆火，現在店舖如此耀眼，肯定會盈利更多。他似乎看到自己的生意蒸蒸日上，成為當地最有名的肉舖了。可是，事情卻非如此，自從裝修以後，肉舖的生意一日不如一日，銷售量大減，就連以前的老客戶也很少光顧。眼看著生意難繼，老闆心急如焚，苦思冥想，卻不知道問題到底出在哪裡。

這天，附近一家廣告公司的老闆路過，他看了看肉舖的裝修，不由得皺起眉頭。肉舖老闆恰好站在門口，看到廣告公司老闆的表情，不解地問：「先生，您還沒有進店，怎麼就皺起眉頭？」他以為廣告公司老闆對他的肉品不滿。

廣告公司老闆聽了，笑著說：「我雖然沒有進去，可是我已經想到裡面的情況了。」

肉舖老闆吃驚地問：「什麼情況？裡面的肉可都是新鮮的。」

廣告公司老闆說：「是新鮮，不過看上去一定不新鮮。」

「你這是什麼意思？」

廣告公司老闆沒有回答，而是一腳踏進去。此時，店鋪內黃色油漆乾燥不久，依然十分明亮，這些色彩映照著店內的各個角落，也映照在砧板的肉上。肉色紫紫的，一眼望去，好像擱置了許久，已經開始腐敗的樣子。廣告公司老闆指著紫色的肉說：「怎麼樣？你的肉都這種顏色了，還敢說新鮮嗎？」

肉舖老闆眨眨眼睛，不解地說：「這是我剛剛買來的肉啊！唉，怎麼回事？你不說我還沒注意，怎麼顏色變了？」他說著，拿起一塊肉走到門口細看。在陽光下，肉恢復了正常的顏色，紅潤有光，十分新鮮。

這下子，肉舖老闆有些傻眼了，拉著廣告公司老闆的手臂說：「先生，您看，這不是我的肉的問題，是光線的問題。」

「對啊！」廣告公司老闆說，「光線改變了肉的顏色，所以人們不敢買你的肉了。你放心，我來給你做一個廣告宣傳，保證你的生意興隆。」

他說到做到，回去後為肉舖重新選擇了裝修顏色——青綠色，然後打出一句廣告詞「這裡的肉，保證新鮮」。根據他的建議，肉舖又做了改裝，結果，生意果真非常興隆，來到店裡的人看到青綠色牆壁映照下的肉，無不誇讚說：「這裡的肉，確實新鮮。」

廣告公司老闆為肉舖做的改裝，正是抓住了顏色對人的心理變化所起的作用。在這裡，顏色對人的刺激就是視覺刺激的一種，屬廣告心理中感覺和知覺的範疇。

科學研究發現，一個正常人從外界接受的資訊中，80～90%是透過視覺而獲取的。可見視覺刺激對資訊傳播多麼重要。事實上，廣告宣傳就是從視覺、聽覺和知覺三種認知形式的刺激開始的。而對視覺器官的刺激，更是使消費者產生興奮的一種基本手段。

視覺包括顏色視覺、暗適應與明適應、對比和視覺後像等內容，其中顏色視覺的意義尤其特殊，這是因為顏色對人的心理情緒和行為有著十分重要的影響。在實際廣告宣傳中，人們也特別注意色彩的應用，這可以產生以下幾方面功效：

1、吸引注意力。

2、比較全面真實地反映人、物和景致，進而使人產生美感。

3、能夠突出產品和宣傳內容的特定部位，加強人們的注意，強化視覺刺激，讓消費者一眼就能記住關鍵內容。

4、充分展現產品和廣告內容的品質，增加立體效果。

5、合理利用色彩，可以豐富廣告內涵，樹立產品和廣告作者本身的威信，增強藝術效果。

**我的第三項優勢是我曾在喬治·蓋洛普手下做事，蓋洛普是一位很傑出的調查學家。他曾教導我在還沒測試以前，不要貿然推出廣告活動。測試、測試、測試。**

——大衛·奧格威

# 取名的學問——知覺選擇

**知覺的選擇性過程，是外部環境中的刺激與個體內部的傾向性相互作用，經資訊加工而產生首尾一致的客體印象的過程。它具有主動、積極和能動的特性。**

1991年，中國上海市場出現了一個奇觀，名不見經傳的「川崎火鍋醬料」突然走俏，形成一股「吃火鍋沒有川崎怎麼能行呢？」的新潮流。這到底是怎麼回事呢？

事情還得從頭說起。川崎公司是生產調料的老公司，開發研製火鍋醬料也有多年歷史。但是，火鍋醬料銷售一直平淡無奇，似乎前景不大，此產品也就成為公司的一根雞肋。轉眼間又是一年，公司召開會議，研究下一年的廣告和銷售計畫。這時，一位年輕人站起來說：「現在吃火鍋的人越來越多了，火鍋醬料的銷售量肯定會大幅度提升，要是我們能抓住機會，一定可以創造一個行業品牌。」

他的話引起很多人贊同，大家七嘴八舌地發表著意見：「對，目前火鍋醬料大多自己調製，沒有什麼響亮的牌子，是個機會。」「我們的火鍋醬料品質不錯，應該能打響。」

儘管大家意見一致，可是如何銷售仍是至關重要的問題。最後，公司展開了全面的分析研究，決定從名稱到內容，對產品進行全面包裝設計。於是，一個頗具異國情調的名字誕生了，這個名字就叫川崎。「川」字有四川、麻辣的感覺，「崎」是「奇」的諧音字，有日本異國情調，可以給人某種聯想。除名字外，公司還採取

了最新、最科學的包裝，這種包裝是一個塑膠杯子，用複合鋁箔封口，熱收縮包裝兩件一個單位，容量適中，食用方便。準備就緒，公司開始努力氣做廣告設計。

10月份來到了，火鍋消費加大了，這時，川崎火鍋醬料閃亮登場，伴隨著「吃火鍋沒有川崎怎能行呢？」的廣告語，一下子打動了滬城人們的心。這種新式的產品不再是單純的醬料，而成了火鍋的代名詞。就這樣，「川崎」成功地創造了一個名詞和概念，並透過廣告傳播，使得無數人們接受了這個觀念，改變了以往吃火鍋自己調製醬料的習慣。

川崎廣告的成功在於它把握了人們的知覺選擇性。人們對於事物的認知，不僅僅從聲音、顏色幾方面，更重要的一點是對它做出整體反應。這種反應，就是知覺。廣告亦是如此，人們認識和接受一個廣告，就是人們對廣告的知覺問題。

日常生活中，人們總是對環境中遇到的各種刺激進行著下意識的選擇，而最後他能知覺到的，只是他所面臨的諸多刺激的一部分。在面對廣告刺激時，消費者也會產生同樣的選擇，他不可能全盤地認識並接受廣告的所有內容，這就是廣告的知覺選擇性過程。這種選擇具有主動、積極和能動的特性，是外部環境中的刺激與個體內部的傾向性相互作用，經資訊加工而產生首尾一致的客體印象的過程。因此，如何把握消費者對廣告的知覺性選擇，是廣告心理的重要課題。

廣告設計，往往不是簡單地迎合人們的心理，而是強調主次關係、圖形和背景的關係、資訊聯想等等，並進行一定藝術化處理，引導消費者全面正確地接受廣告的各種資訊刺激，產生一定聯想，激發購買欲望和動機。

**講的事實越多，銷售得也越多。一則廣告成功的機會總是隨著廣告中所含的中肯的商品事實資料量的增加而增加的。**

——紐約大學零售學校的查理斯．愛德華博士（Dr. Charles Edwards）

# 梅蘭芳是誰——聯想

**聯想是心理活動的表現形式之一，指的是人們在回憶時由當時感覺的事物回憶起有關的另一件事，或者由所想起的、所看到的某一件事物又記起了有關的其他事物的一種神經聯繫。**

1931年，梅蘭芳在中國北平唱戲出了名，成為戲曲界冉冉升起的新星。這樣的資訊當然引起戲院老闆們的極大關注，上海丹桂戲院的老闆決定聘請梅蘭芳到上海獻藝。

雖說梅蘭芳在北平是名角，可是在當時資訊傳遞不靈的年代，上海人對他並不瞭解。這是他第一次到上海演出，能否成功還是個未知數。戲院老闆可不願做冒險的生意，為了利益，他決定先刊登廣告宣傳梅蘭芳。

經過分析研究，戲院老闆買下了一家大報頭版的整個廣告版面，推出了一個特別廣告。在報紙的廣告版面上，僅僅寫了三個大字：梅蘭芳，除此之外再也無其他內容。報紙一連三天都是這樣刊登，赫然出現在人們眼前的「梅蘭芳」三字就像投進平靜湖水的石頭，激起千層浪花。人們疑惑地相互詢問：「梅蘭芳是什麼人？」「是不是要出大新聞了？」

於是，各種猜測和小道消息滿天飛，刊登廣告的那家報館門前擠滿了人，答覆不是一無所知，就是無可奉告。這樣一來，上海人更加莫名其妙了，卻都「梅蘭芳」三字牢牢記住了。

第4天，當人們還在疑惑此事時，答案揭曉了，報刊這次刊出的廣告，除了「梅蘭芳」三個大字外，底下尚有幾行小字：京劇名旦，假座丹桂第一大戲院演出《彩樓配》、《玉堂春》、《武家坡》。3天來，大字的誘惑，小字的吸引，一下子化作一睹為快的心理需求。人們競相來到丹桂劇院，爭睹梅蘭芳真容。

由於事前宣傳得法，加上高超的技藝，梅蘭芳在上海的第一場演出便得了「滿堂彩」，從此，他的演出場場爆滿，威震滬城。丹桂劇院也因此大發其財，成功佔據上海戲院的頭把交椅。

丹桂劇院老闆為梅蘭芳做的宣傳廣告成功抓住了觀眾的好奇心理，並且使得觀眾能夠展開聯想，充分調動他們參與的積極性，是一次十分成功的廣告活動。

在廣告宣傳中，能夠合理地利用聯想的功能，可以調動消費者對廣告內容的認識和理解，加強刺激的深度和強度。在廣告中運用聯想手法，是對廣告資訊的昇華，是一種提高綜合表現的方法。比如利用消費者熟悉的形象，創造出有趣、動人的情節，可以讓消費者很容易接受廣告內容；採取比喻的方法，可以讓消費者獲取更加廣泛的資訊內涵等。

另外，聯想手法的運用，無疑提高了廣告的藝術魅力，給消費者帶來藝術的創造空間和感受，這一點可以增強企業或者產品的形象說服力。

當然，運用聯想手法需要注意的是，首先要充分研究消費者的消費習慣、消費水準、消費趨勢，掌握他們的心理需求；其次，要有針對性地利用各種廣告因素，結合消費者的知識經驗、審美欲求，激發他們與產品有關的各種聯想；最後，透過聯想，激發消費者對產品的信服、嚮往，產生共鳴和感情衝動，促進消費行為的發生。

**沒有風險的廣告不一定平凡，但有風險的廣告一定不平凡。**

——著名廣告人黃文博

# 米克羅啤酒改變形象——觀念訴求

**廣告訴求，就是要告訴消費者，有些什麼需要，如何去滿足需要，並敦促他們去為滿足需要而購買商品。**

美國米克羅啤酒面臨著一個重大難題：它的銷售量在逐年下降，現在只有10%的市場佔有率，公司受到嚴重威脅。這對於曾經紅遍一時，是上流社會首選啤酒的公司來說，情況非常糟糕。為了改變頹勢，公司委託DDB公司為他們進行廣告宣傳，重新樹立米克羅的形象。

DDB公司是美國著名的廣告公司，曾經為許多公司做過廣告宣傳，很有實力。他們接到米克羅的任務後，即刻展開詳盡的調查工作。結果發現，米克羅銷售量下降的原因在於它的主要消費對象已進入中老年期，而新一代的年輕人卻又對這個品牌不認同，認為這是老一輩人喝的啤酒。

是什麼造成這種局面呢？當然是米克羅啤酒以往的廣告宣傳的緣故。以前，米克羅啤酒一直以「第一流」做為自己的口號和目標，強調產品的地位，使人們產生了這樣的觀念：米克羅是特殊時刻人們才能享用的產品。可是隨著國外產品不斷湧入，各種異國情調的進口酒沖淡了米克羅獨特的風格，使它喪失了過去的吸引力。

針對此，DDB公司決定改變人們對於米克羅的認知，把年輕人吸引到產品周圍。

DDB公司首先細分訴求對象，找準消費者目標。他們發現，在社交場合中，是否有女性在場是男士消費米克羅啤酒的關鍵所在。當男士與男士結伴外出時，他們通常不在乎喝什麼牌子的酒，但與女性外出時，就要「擺闊」，喝價格較高的高級酒。DDB廣告公司據此把米克羅啤酒的重點定在有女性出席的時候，特別是晚上，目標對象是年輕男士。

確定了這一目標後，一連串廣告設計相繼推出。廣告選用具有浪漫色彩的夜生活做描述，情節是一個男子與一個女子在酒吧中相會，如夢如幻的情景中，米克羅啤酒很突出。這時，一名搖滾歌星的歌聲傳來，唱的是《今晚從空中來》。隨後，畫面下打出了「夜晚屬於『米克羅』」的字幕，歌聲、畫面與主題貼切，令人難忘！

果如所料，廣告吸引了大批追求高品味、浪漫情調的年輕人，米克羅啤酒認知率很快上升到50%，消費量增大。DDB公司也因此廣告獲得大量讚譽。

米克羅啤酒透過廣告宣傳說服消費者，使他們改變觀念，重新認識產品、接受產品。這裡，廣告活動成功運用了說服消費者的觀念訴求心理戰術。其實，每一則廣告的目的都是在說服消費者，而這一目的，是透過訴求來達到的。廣告訴求，就是要告訴消費者，有些什麼需要，如何去滿足需要，並敦促他們去為滿足需要而購買商品。

在廣告訴求中，常用的方法有知覺訴求、理性訴求、情感訴求和觀念訴求四種。其中，觀念訴求指的是透過廣告宣傳，樹立一種新的消費觀念，或改變舊的消費觀念，進而使消費者的消費觀念發生對企業有利的轉變。在實際廣告傳播中，經常用到觀念訴求方法，這種方法可以收到相當客觀的說服效果。

**如今的廣告所處理的都是一些感覺上的無形的差別。獨特銷售主張USP（Unique Selling Proposition）已經被ESP即情感銷售主張（Emotional Selling Proposition）取代了……廣告就是生產過程的一部分……我們千方百計在一個品牌與另一個品牌之間製造出差別。其實，情感上的差別才是真正的差別。**

——BBH公司的荷嘉提認為ESP的時代已經到來

# 每加侖54公里——理性訴求

**理性訴求廣告採取理性的說服方式，有根有據地傳達商品與勞務的資訊，引導公眾理智地做出判斷，進而購買使用。**

1981年，美國面臨能源危機。由於汽油非常短缺，汽車加油站每天只營業幾個小時。人們為了能夠買到汽油，不得不提前排隊等候加油站開門。

在汽油不能夠充分供應的情況下，如何才能吸引、說服消費者購買自己的汽車呢？本田斯維克（Civic）牌汽車決定推出有效廣告，吸引消費者購買自己的產品。

他們委託的廣告公司經過分析產品，研究市場，尋找到了問題的突破口。他們分析認為：「當前汽油短缺，消費者最在意的問題就是汽車耗油量大不大。有人甚至認為，開車不如步行方便，所以，想要在這個時候推出廣告，必須強調產品的節油性能。」

斯維克牌汽車正是在節油方面做出重大改進的車型，因此，廣告公司繼續分析決定：應該抓住汽油短缺大做文章，突出產品節油特性，肯定能夠取得成功。

本田公司同意了廣告創意。於是，廣告公司很快推出了一則「平均每加侖54公里」的廣告，這則廣告十分理性地告訴消費者，駕駛斯維克汽車可以節省汽油，比起駕駛其他汽車來更要方便合算。結果，消費者對於這則廣告十分認同，他們為了節油，紛紛關注起斯維克汽車來，結果汽車銷售量不但沒有下降，反而持續上升。

這裡，斯維克汽車透過理性訴求，傳達該品牌汽車省油的重要資訊，是站在消費者立場說話，是為他們考慮，所以消費者容易接受。而且，廣告內容客觀、真實，有根有據，突出了專業性和科學性，使產品與競爭對手區別開來。這樣，當消費者選擇購買汽車時，他們首先考慮到風險之中，如何避開較大損失，因此會比較理智地去進行比較，這樣，透過理性訴求，他們就對斯維克汽車產生了信任感，樹立了購買的信心。

理性訴求廣告指的是採用擺事實、講道理的方式，向廣告受眾提供資訊，展示或介紹有關廣告物的廣告。

這種廣告更注重理論和證據，強調理性思考。理性訴求廣告的表述語言要求具備相當的邏輯性和條理性，廣告內容側重於商品和服務的功能、價值、品質以及商品能給消費者帶來的實際利益等。這種廣告通常針對中老年消費者，強調「以理服人」。

理性訴求廣告適用下列情況：新產品上市時；產品有明顯特徵或重要的能擊敗競爭對手的長處；需要消費者經過深思熟慮才決定購買的產品；產品針對特定的消費群體。

**人人都想入非非，夢見自己裸體奔跑，但是他們不能說出來。聰明的廣告撰稿人應該用鮮明的語言把夢想說出來。這正是廣告撰稿人應有的本領。……理論上是這樣的，製造商對消費者說：『我知道你想要什麼。』消費者下意識地想：『嘿，這傢伙真不錯，他瞭解我；這產品真棒……』**

——諾曼．B．諾曼公司如此認為（出自《顛覆廣告——麥迪森大街廣告業發跡的歷程》）

# 銀幕上的廣告——強化記憶

**廣告識記是獲得廣告的印象並成為經驗的過程。**

某清涼飲料公司為了促銷，想出了各種方法做廣告宣傳，有一次，他們發現人們在戲院內看戲時喜歡喝飲料，於是就找到戲院經理，請他在放映電影時，在銀幕下面打上一行飲料廣告詞。戲院經理想了想，覺得這不妨礙戲院播出電影，還能增加收入，就答應了下來。

從此，這家戲院每次演出，都會按照飲料公司要求打出廣告詞。過了一段時間，令人稱奇的事情發生了，這種清涼飲料銷售量上升了30％。面對如此成果，清涼飲料公司非常滿意，他們決定做一次調查，看看人們在看演出時對廣告的注意情況。結果讓他們大惑不解的是，觀眾們對廣告詞的注意力並不高，只有16％的人回答說注意到了廣告詞。這是怎麼回事呢？

為了進一步搞清楚廣告詞對觀眾的影響，飲料公司開始進行更加深入的分析研究。這次，他們做了一個試驗。這個試驗是這樣的：他們一面在銀幕上放情節普通的電影，一面以1/4秒一閃的速度和每隔5秒1次的頻率在銀幕上閃出這樣的廣告語言：請買玉米花！請喝可口可樂！

觀眾們正在觀看電影，對廣告詞並不熱衷，有種視若無睹之感。但是，試驗者反覆多次進行試驗，6個星期後，調查統計顯示了一組令人訝異的數字：玉米花銷售量上升58%，可口可樂銷售量上升18.1%。

這個試驗顯示了記憶在廣告活動中的作用。對於廣告心理來說，記憶是非常重要的內容之一。它是人們在過去的實踐中所經歷過的事物在頭腦中的反映。對於廣告資訊的記憶，是消費者思考問題、做出購買決策的必不可少的條件。

根據心理學研究，正常人的記憶分為識記、保持、再認和回憶四個基本環節，這也是廣告記憶的基本內容。識記就是識別和記住廣告，這是區分不同廣告的過程；保持就是在頭腦中鞏固已有的廣告內容；再認就是在新的刺激面前回想舊廣告內容的過程；回憶則是回想的過程。由此看來，廣告的記憶是一個完整、連續、長期的過程，為了獲得更好的廣告效果，激發消費者，就要充分利用廣告促進記憶的功效。

在廣告宣傳中，通常採取適當減少廣告識記材料數量、利用形象、重複廣告內容、突出重點等辦法，發揮記憶在廣告過程中的作用。

**精英（Grey）：美國第一、亞洲第八、世界第七大的廣告（集團）公司。它擁有275個分公司，遍及全球70個國家。是一個以保守的金融管理和與其客戶的穩定關係著稱的歷史悠久的美國公司。儘管管理方式保守，但近年它在歐洲發展迅速。**

# 我夢想——心理戰術

**隨著商品市場多樣化，消費者心理在廣告設計中變得越來越重要。因此，廣告必須配合消費者不同的心理去設計傳播。**

20世紀20年代，美國女性以小胸脯為美，可是，一向備受女性歡迎的媚登峰牌女士內衣生產廠商卻突發奇想，認為在女裝內加一個能體現自然胸部曲線的杯罩，要比那種平坦的款式好看很多。

新構想的內衣由一根鬆緊帶和兩個杯罩組成，推出後竟然大受歡迎，很多顧客紛紛要求生產這種胸罩，並要求在所有出售的女裝上都加裝這種「特殊」設計。廠商非常欣喜，他們進行了多次改造，並於1926年研製成一種「能自然支撐胸部」的內衣，命名為「媚登峰女士專用內衣」，取得了專利。

媚登峰依靠新款內衣大獲成功，接連推出系列產品。其中1949年推出的名為倩斯奈特（Chansonette）系列產品，是媚登峰公司所生產的最著名的一款內衣。產品上市前，公司委託諾曼・克萊格・卡麥爾（Norman Craig & Kummel）廣告公司為其新產品設計廣告。

這是卡麥爾接到的第一個關於女性內衣的廣告任務，他們認為，想要設計出優秀的廣告，必須首先瞭解女人。於是，他們召集部分女性進行了一個心理測試，發現女士通常都有一種潛在的炫耀本性。就是說，女性會更願意突出自己的三圍，讓自己顯得更有魅力。

根據測試結果，廣告公司創作了一連串以「夢想」為主題的廣告戰役。他們推出了「我夢見自己只穿著媚登峰內衣去購物」這句廣告詞。這在當時可是非常大膽的舉動，甚至給人不道德之感。播出前，公司先對廣告進行預測，果不其然，受訪的女士們看了廣告後目瞪口呆，堅決反對播出。通常來說，出現這樣的預測結果只有一條路可走，那就是放棄廣告創意，另尋出路。但是，廣告公司卻不這麼認為，他們說：「這種效果正是我們希望的。」

接下來，「我夢想」系列廣告如期播出，這些廣告中無一不是摩登入時、但上身只穿著內衣的女性形象。所有男性都神情自然、泰然自若地出現在各種場景當中，廣告的標題揭示出畫面非現實的特點：例如只穿著內衣的女性站在宮殿裡「我夢想自己穿著媚登峰內衣成為大使夫人」；站在火車頭前「我夢想我穿著媚登峰內衣使它們停在我的軌道中」等，這些超凡脫俗的大膽設計深深吸引了觀眾的目光，大受女性消費者歡迎。這一創作主題竟然一直沿用到70年代，連續使用了22年。

媚登峰透過這一革命性的廣告建立了自己的特色，公司甚至懸賞1萬美金，招集婦女們夢想的場景。從1949年開始，女士內衣廣告張揚個性和突出魅力的廣告風格也開始流行起來。

媚登峰大膽前衛的廣告發掘了消費者的潛意識消費動機，成功地運用了廣告心理戰術。我們在前面逐步認識了心理變化在廣告傳播中的各種作用，下面就來看一下廣告實戰中，心理戰術運用的注意問題。

隨著商品市場多樣化，消費者心理在廣告設計中變得越來越重要。因此，廣告必須配合消費者不同的心理去設計傳播，要注意的是以下幾點：

1、選擇適合心理訴求的廣告媒介。

2、製作更佳的印象。廣告設計應該富有想像力和藝術性，這可以長久地影響消費者，加強心理訴求效果。

3、刺激欲望。從消費者角度出發，激發他們潛在的特殊需求，進而說服他們購買產品。

4、利用時尚流行。在廣告宣傳中結合時尚流行，會產生事半功倍的效果。但要注意對權威言行的渲染，注重對流行商品的認可和讚賞，刺激人們的模仿行動。

5、注重個性。

**廣告如果想引起那些由於疲勞或鬆弛而感覺遲鈍的人的興趣，就必須提供生動活潑的刺激。**

——戴賴爾．盧卡斯和史都華．布利特：《廣告心理學及研究》

# 牛奶鬍子——傳播原理

**廣告傳播遵循誘導性原理、二次創造性原理、文化統一性原理。**

美國有一個牛奶委員會，他們發現，人們正面臨日益嚴重的缺鈣危機，造成這種危機的重要原因之一就是大多數人飲用牛奶不足。經過詳細的調查，他們得出一個可怕的結論：9/10的女性和7/10的男性都沒有按照每天推薦的1000毫克的鈣攝取量飲用至少3杯牛奶！

牛奶是豐富的鈣源，飲用牛奶方便快捷，效果又好，為什麼人們會放棄呢？牛奶委員會委託廣告公司進行調查分析，結果發現，人們普遍認為牛奶是小孩才喝的東西，而且多喝牛奶會發胖；雖然牛奶有益健康，但還是可樂和果汁更好喝等。

針對此，牛奶委員會決定採取措施，糾正人們的錯誤觀念，推動乳品行業發展，說服人們消費更多牛奶，改善目前的缺鈣狀況。

這個重要的任務自然要透過廣告宣傳才能完成。接到任務的廣告部門不敢怠慢，立即付諸行動展開調查研究。他們進行了一個試驗：要求10幾名試驗者一週內不喝牛奶，並詳細記錄下各自的感受。

第5天，實驗者開始反映，清早起來想吃麥片卻發現沒有牛奶，感覺真是太倒楣了。他們不好意思地說，真想偷小孩的牛奶喝；還有人說，看到貓咪盛食的碗時會非常渴望喝牛奶，恨不得把貓的牛奶喝了！一連串反映顯示，人們在真正需要牛奶的時候沒有牛奶會感覺很痛苦。

於是，他們設計了很多廣告情節，都是人們想喝牛奶卻沒有牛奶的場景，伴隨著「喝牛奶了嗎？（Got milk）」這句簡潔明瞭的廣告詞，拉開了一場全國性大規模廣告戰役。這些「缺奶」場景很自然地喚起人們的喝奶欲望，很快，「喝牛奶了嗎？」成為一句流行語，成為人們開玩笑的話，而不是廣告詞了。

廣告宣傳中，最引人注目的一個畫面就是牛奶鬍子。這是一個系列廣告的宣傳畫，畫面上出現的名人，每人嘴唇上都有一抹牛奶鬍子。這種特別的明星照片吸引了人們的目光，產生強烈效果。而明星們來自各行各業，無不齊聲誇讚牛奶的好處，真可以稱得上「全民總動員」，完全達到了牛奶委員會的初衷。

這次廣告宣傳中，唇上那撇醒目的「牛奶鬍鬚」和只有兩個字的廣告標題「Got milk？」一舉深入人心，成為成功的廣告作品。

牛奶鬍子的廣告設計消除了任何文化上的差異，令任何文化背景的人都能一看就懂，非常適合在美國這種多種族環境下的傳播溝通，進而產生強烈迴響。

廣告是一種資訊傳播的過程，那麼，廣告傳播的基礎是什麼？有何特點和意義？

廣告傳播的基礎是傳播學5W（Who、Says What、In Which Channel、To Whom、With What Effect）理論，具有以下特點：

1、廣告傳播是有明確目的的傳播；

2、廣告傳播是可以重複的傳播；

3、廣告傳播是複合性的傳播；

4、廣告傳播是對銷售資訊嚴格篩選的傳播。

廣告傳播遵循誘導性原理、二次創造性原理、文化統一性原理。誘導性原理包括觀念的傳播、情緒的傳播和行為的傳播，是一個透過多種手段誘導實現心理滲透的過程；二次創造性原理指的是廣告傳播是一個完整的創造性過程；文化統一性原理指的是只有讓傳播者和接受者之間達成一定的文化共識，傳播才能順利進行。在實際廣告傳播過程中，往往三種原理互相結合，互相影響，才能最終完成預期的廣告傳播目的。

**所謂創意，就是不折不扣的舊元素的新組合。**

——智威湯遜廣告公司廣告文案、廣告教育家、《怎樣成為廣告人》的作者詹姆斯．韋伯．揚（James Webb Young）

# 創造至愛品牌——廣告文化

**廣告活動不僅是一種經濟活動，還是一種文化交流。這種文化是從屬於商業文化的亞文化，具有商品文化和行銷文化的特色。**

凱文·羅伯茲是廣告業著名人士，他出生於1949年，先後在多家公司任經理，成績顯著。1997年，他轉行來到盛世長城國際廣告公司，並任全球首席執行長。第二年，他就榮獲美國最優秀廣告人獎。說起他在廣告業的成就，最為耀眼的自然是他提出至愛品牌這一概念。

加入盛世長城之前，凱文意識到品牌正在走向末路，他想，如何解決品牌所面臨的問題呢？看來「信任標誌」是第一位的。正當他嘗試這種「信任標誌」的準確性之際，他遇到了《快速企業》的創刊編輯艾倫·韋伯。當他把自己的想法告訴艾倫時，對方毫不留情地說：「這個聽起來好像不太充分。」

遭到否定的凱文有些沮喪，他一個人回到了他在紐約空蕩蕩的公寓，此時，他的太太遠在紐西蘭渡假。凱文打開了一瓶1988年的Lafitte，打算平靜一下自己的心情。

太太不在身邊，沒有人喜歡自己的觀點，凱文感到孤獨，他逐漸覺得自己一無是處。借酒澆愁易醉人，不知不覺，凱文已經喝完了一瓶酒，並打開了第二瓶。他習慣性地拿起筆，在一張餐巾紙上胡亂寫著、畫著，腦子裡湧現著無數不著邊際的話題，於是，餐巾紙上出現了這樣的內容：「shit，人的生命中最偉大的感情就是愛。我愛我的太太。我愛紅酒。我就是愛你在報紙上討論的那個話題……」

寫著、喝著，已經凌晨三點了，凱文手裡的筆還在不停地遊走著，忽然間，餐巾上出現了這樣的字「Lovemarks」。看著這個字，凱文眼前亮了起來，他似乎找到了問題的癥結，找到了出路，非常滿意地笑了，隨後呼呼大睡。

第二天，凱文醒來後，拿著寫著「Lovemarks」的餐巾紙，那樣興奮，那樣激動，他迫不及待地再次打電話給艾倫，並告訴他自己的重大發現。艾倫聽了，努力抑制住興奮的心情，一字一句地說：「這就是我想要的。」

「Lovemarks」是愛和商業結合的意思，這一提議對當時商業界來說，還是非常新穎的話題。一直以來，商業給人的印象都是缺乏溫情，充滿競爭的，怎麼可能和「愛」聯繫在一起呢？所以，當凱文對一些大企業的首席執行長推行這一概念時，他奇怪地看到：很多資深的首席執行長們臉都紅了，他們的身體從座位上滑下去，還用年報擋住了臉。

儘管人們不肯接受這一概念，凱文卻非常堅持，他相信：「靠打動人的情感，你可以使優秀的人與你一起共事，得到來自最好的客戶的激勵，得到最優秀的合作夥伴，最忠誠的顧客。」「分析別人的情感而拒絕承認我們自己的情感，實際上也是在『自欺欺人』，也是一種浪費。而所有情感的最基本就是愛。」

就在他努力推銷至愛觀念時，迎來了跨世紀的2000年，這一年，「愛蟲」病毒襲擊了全世界的電腦，他知道自己的方向走對了。人們都在做著不願說出口的事情：點擊不明郵件，只因為有人說：「我愛你！」

看來，愛是企業應對消費者快速變化的唯一途徑。大部分的品牌都會在發展過程中陷入激烈競爭和微小利潤空間的泥沼，無懈可擊的管理和持續不斷地改進，只能為他們贏得高度的尊重，卻沒有多少情感。只有愛和尊重結合，才能製造「至愛品牌」。 凱文提出的「至愛品牌」概念豐富了廣告文化，使其邁進了一個嶄新的情感的時代。那麼，什麼是廣告文化？這種文化具有什麼特色？

廣告活動不僅是一種經濟活動，還是一種文化交流。這種文化是從屬於商業文化的亞文化，具有商品文化和行銷文化的特色。隨著廣告發展，其文化也成為現代社會文化的重要組成部分。

目前，在全球經濟一體化影響下，許多跨國、跨文化廣告傳播中體現出更多的文化特色，這表現在文化溝通、文化障礙、文化滲透、文化衝突和文化政策等方面。所以，廣告文化的內涵和附加價值也就顯得尤為突出。

**電通：創業於1901年，是日本最大的廣告公司。其營業額連續24年來獨佔鰲頭，堪稱名副其實的世界一流廣告公司。1996年，電通的營業額為140億美元。它在36個國家及地區擁有約70個子公司和相關企業。可以毫不誇張地說：日本廣告的歷史也就是電通的歷史。**

# 第三章

# 廣告創意與策劃

時尚具有一個顯著特色，那就是它是被人為創造出來的。這種特性決定了它在廣告文化中的價值，一旦人們認為廣告宣傳的內容是時尚的，它們就容易被接受。所以，廣告宣傳中時尚策略的應用非常常見。這是因為，人們普遍具有模仿和從眾的心理，這種心理對於追求時尚起了重要作用。

# 原子時代的筆——廣告創意

**狹義的創意是指廣告主題之後的廣告藝術創作與藝術構思，即創造性的廣告表現；廣義的創意主要指廣告中所涉及的創造性思想、活動和領域的統稱，幾乎包含了廣告活動的所有環節。**

洛克是匈牙利人，第二次世界大戰前夕，他發明了一種筆，這種筆設計簡單，攜帶方便，重要的是不用時時灌水，比起鋼筆來要方便得多。他把這種筆叫做「圓珠筆」，意思是只要筆尖的圓珠轉動，筆就可以寫字。後來，他在英國申請了發明專利。

這時，一位叫雷諾的商人接觸到了圓珠筆，立即被其方便簡單的設計吸引了，他想：這種筆這麼好用，一定很有前途，要是我買下專利權，肯定可以發大財。在這種心理驅使下，他見到了洛克，向他提出購買專利權的想法。洛克正愁著如何推銷呢！一聽到這個建議，兩人一拍即合。就這樣，雷諾擁有了圓珠筆的專利權。

隨後，雷諾對圓珠筆進行了一番改造加工，使其更利於人們使用，之後他建立了第一家圓珠筆生產工廠，開始大量生產圓珠筆。然而，雷諾付出很多心血來推銷他的這一產品，但一直沒有太大的起色。

不知不覺，二戰快要結束了，這時，美國將自行製造的原子彈成功投入到日本，引起了世界性大轟動。雷諾以特有的敏銳感覺到這是一個商機，於是他將自己的圓珠筆更名為原子筆，炫耀他將出售一種原子時代的新筆，開始進行大量廣告宣傳活動。人們一下子就把原子筆與原子彈聯想在一起，再加上雷諾推出的各種聳人聽聞的廣告，大家出於好奇紛紛購買。結果，原子筆像原子彈一樣打動了各地人們的心，成功走向世界市場。

原子筆成名了，它的簡便好用人皆盡知，接下來，美軍將要趕赴歐洲戰場，政府為每個戰士配發了一支這種筆。雷諾因此發了大財，成為顯赫一時的商人。

一個小小的創意，竟然帶來如此巨大的經濟效益，不能不讓人驚嘆廣告創意的神奇作用。

創意一詞是從英文中翻譯而來的，它指的是一種創造性的思維活動，這種活動的主體是廣告創作者，客體是廣告活動本身。簡單來說，廣告創意就是以消費者心理為基礎，透過一連串創造性思維活動，表達一定的廣告目的，促使消費者購買的思想行為。

創意被廣泛應用在廣告主題創意、廣告表現創意、廣告媒體創意等各方面，有廣義和狹義之分，狹義的創意是指廣告主題之後的廣告藝術創作與藝術構思，即創造性的廣告表現；廣義的創意主要指廣告中所涉及的創造性思想、活動和領域的統稱，幾乎包含了廣告活動的所有環節。

**廣告無法為一個人們不需要、不渴望擁有的產品塑造奇蹟。但是，一位有技巧的廣告人可以將產品原被忽略的特點表現出來，而激起人們擁有的欲望。**

──廣告大師李奧・貝納

# 盛錫福三易牌匾——創意要求

**廣告創意並非漫無邊際地「瞎想」，而是有一定要求，這些要求可以歸納為四點，一，以廣告主題為核心；二，首創性；三，實效性；四，通俗性。**

中國解放前，上海有位商人開了一間帽子鋪，經營各式帽子產品。開張之後，他在門前掛了一塊牌匾，上面寫道：

盛錫福

帽商

製作並出售帽子

收現錢

這塊牌匾說明了帽子鋪的名字，指出了主要經營業務，告訴消費者購貨方式，非常全面周詳。帽子鋪老闆望著牌匾，覺得十分滿意。

過了一天，有位朋友來訪，帽子鋪老闆特意帶著他觀看門前的牌匾，並客氣地說：「你看，這塊牌匾怎麼樣？上面說的內容夠詳細吧！」

朋友看了看，笑著說：「我認為帽商兩個字是多餘了，你想，帽商不就是製作並出售帽子嗎？還用再重複一次嗎？」

帽子鋪老闆聽了，仔細琢磨，覺得確實有道理，立即摘下牌匾去掉帽商兩字。

又過了幾天，另一位朋友來訪，帽子鋪老闆再次向他徵詢：「你看我的牌匾怎麼樣？」

這位朋友看了看，搖頭說：「我覺得收現錢這幾個字是多餘的，哪個買帽子的人會賒帳？你這樣寫反而讓人感覺缺少人情味，還不如去掉呢？」

帽子鋪老闆又接受了他的意見，這樣一來，牌匾的內容就變成了：

盛錫福

製作並出售帽子

這個牌匾可謂簡潔明瞭。可是過了一段時間，顧客上門購物時，其中一人又提出意見，他指著牌匾說：「我們來買帽子，通常不會關心是誰製作的帽子，我看你的牌匾裡還是有多餘的字。」

老闆站在牌匾底下細細想來，決定去掉「製作並」三個字，只留下「盛錫福出售帽子」幾個字。於是，一塊更加簡潔凝煉的牌匾出現了，很快，上海人們都知道有個盛錫福帽子鋪，這個鋪子專門出售禮帽。就這樣，盛錫福名聲遠播，吸引了很多顧客。

事情並沒有到此結束，當大批顧客上門購帽時，有一天，老闆聽到一位顧客說：「店裡的帽子當然是用來賣的，誰都知道老闆不會白送，何必還要加上『出售帽子』幾個贅詞？」言者無心，聽者有意，老闆從幾次更換牌匾中受到很大啟發，他馬上命人取下牌匾，又一次做了改動。這次，牌匾上只剩下三個字「盛錫福」。

就這樣，盛錫福從幾次易名當中獲利匪淺，名聲不脛而走，成為大上海灘的名牌貨，而「盛錫福」也成了禮帽的代名詞。牌匾是商鋪的看板，可以直接明瞭地宣傳產品和商鋪，對於它的創意設計，歷來都是商家非常敏感的問題。盛錫福老闆幾次更換牌匾內容，在數次的修改中終於確定了最後的方案，成功打響了「盛錫福」的名號，可見廣告創意的重要性。

廣告創意時需要注重四點：

1、以廣告主題為核心。廣告主題是廣告創意的出發點和基礎，只有把握主題，才能清晰明瞭地表達主題；同時，廣告主題還是創意發揮的最基本題材，在此基礎上，獨特的創意才能發揮作用。

2、首創性。創意必須有自己獨特的一面，這樣才能產生強烈效果。

3、實效性。廣告創意一定要認確一個目標，那就是為銷售目的服務。

4、通俗性。創意應該簡潔明瞭、通俗易懂，必須是大眾能夠輕鬆看懂的，這樣才有助於進行廣泛的傳播。

**拿2000萬元播廣告，卻只捨得拿10萬元做一支廣告片的企業不少，得不到好創意也就不足為怪。問題是這麼做一點也不省錢。創意不突出，廣告片就不突出。廣告片不突出，就意味著不能引起消費者注意。同樣的資訊，口才好，一句話講清；口才不好，50句都未必能講清。**

——廣告策劃人葉茂中：《創意就是力量》

# 親手種一棵樹——思維作用

**通常來說，思維方式分為事實型和價值型兩大類，前者的特點是，注重產品和觀念本身，強調細節，往往從具體的分析中得出解決問題的辦法。後者則是根據直覺、價值觀和道德觀等來認識事物，做出決定，注重各種觀念的融合，因此更容易接納變化、矛盾和衝突。**

日本鹿兒島有家觀光飯店，名為有元，生意很好，旅客逐漸增多。這時，老闆有心擴大經營，但是苦於空間狹窄，很難再圖發展。

一天，老闆站在旅館窗前，望著後面光禿禿的土山，心想，如果有資金和能力開發這座土山，將來肯定獲利很大。可是轉念一想，耗費人力、物力太大，開支甚巨，只好嘆口氣走開了。就這樣一連多日，老闆對此事念念不忘，經常站在土山前思慮重重。

這天，一個職員看到老闆又站在那裡，走過去問道：「您是不是打算開發後面的土山？」

「對啊！」老闆驚訝地說，「你怎麼知道的？」

職員微笑著說：「我看您常常在這裡嘆氣，覺得您一定有什麼難題。我想，您是不是擔心缺少資金開發土山？要是這樣的話，我倒是有個辦法。」

老闆大喜，急忙問：「什麼辦法？請快說。」

職員說出了自己的想法，那就是登廣告做宣傳，凡來住店的旅客，都可以免費在土山上種一棵樹做紀念，多種的話就要收費。老闆聽了，高興地說：「好主意，好主意。」

就這樣，他們立即投入廣告設計，在各種媒體刊登廣告，不久，消息傳遍各地，很多遊客都慕名前來，特別是新婚夫婦、畢業學生，最為踴躍，他們都想親手種下一棵樹，做為永久的紀念。

從此，住宿種樹成為有元觀光飯店的一項熱門活動，不到一年時間，種樹面積達到兩萬多坪，昔日禿山變成了紅花綠葉相間、花香鳥語可聞的綠山。在此活動過程中，很多遊客不只種下一棵樹，他們有人種下兩棵、三棵……甚至十幾棵。一些遊客還拿著自己植樹的照片回去宣傳，極大地提高了有元觀光飯店的形象，使得他們的生意更加興隆。有些遊客還不時回來照料自己種下的樹，來來往往，也為有元飯店帶來不少生意。

這次活動，有元飯店除了花、樹的種苗成本外，足足淨賺了幾千萬日元，同時更是名聲鵲起，遊客趨之若鶩，紛至遝來，生意日益看好，還帶動了整個地區的觀光事業。

植樹廣告突破常規，獲得成功，不能不感謝廣告創意中思維的作用。

通常來說，思維方式分為事實型和價值型兩大類，前者注重產品和觀念本身，強調細節，往往從具體的分析中得出解決問題的辦法。後者則是根據直覺、價值觀和道德觀等來認識事物，做出決定，注重各種觀念的融合，因此更容易接納變化、矛盾和衝突。

比較兩者來看，事實型思維傾向於線性思維，喜歡事實和數字；而價值型思維容易接受新事物、新概念，有利於廣告創意。在實際的廣告創意過程中，則需要兩種思維方式結合使用。比如，在創意之初，創意人員需要從自己掌握的資訊入手，仔細審核創意綱要和行銷、廣告計畫，研究市場、產品和競爭狀態，瞭解消費者的各種情況，這時就應該傾向於事實型思維；隨著創意進一步發展，創意人員就要擺脫事實束縛，發揮想像力，只有這樣才能保證創意的新穎性，不會陷入窠臼之中。這時就傾向於價值型思維。

在創意發展過程中，思維方式有很多，其中，最受推崇的有頭腦風暴法、垂直思考與水準思考法兩種。

**你不會發現一個成功的全球品牌，它不表達或不包括一種基本的人類情感。**

——可口可樂公司J．W．喬戈斯

# 安全別針——頭腦風暴法

**頭腦風暴法是一種透過小型會議的組織形式，誘發集體智慧，相互啟發靈感，最終激發創造性思維的程序方法。**

1996年，VOLVO公司採用了安全別針的廣告宣傳，一舉獲得法國戛納國家廣告節平面廣告金獎及全場大獎。說起這則廣告的創意，還有一個故事。

汽車廣告已經有多年歷史了，其中不乏優秀經典的廣告作品。當廣告代理公司接到委託為著名的VOLVO公司設計廣告時，他們覺得這既是一個效益可觀的差事，也是一個十分棘手的任務。想要有一個成功創意，必須付出比以往更多的努力。

創意工作開始了，創意人員深思苦想，多次提出不同的建議，可是又被一次次否定了。不管從產品的品質也好，還是從消費者心理也罷，關於汽車的廣告創意已經很多了，似乎沒有什麼新意了。

有一天，幾位創意人員下班回家，路過一條馬路，發現前面擠滿了人，他們走過去一看，原來發生了交通事故，兩輛車撞在一起，其中一輛小汽車被撞得變了形，場面慘不忍睹。

這個場景深深地印在了創意人員們的腦海裡，使他們久久不能安心。第二天，他們回到辦公室，圍坐下來討論廣告創意時，關於安全的想法揮之不去，使得他們圍繞安全展開了廣泛而深入的探討。就在這次探討會議上，他們確定了創意目標，

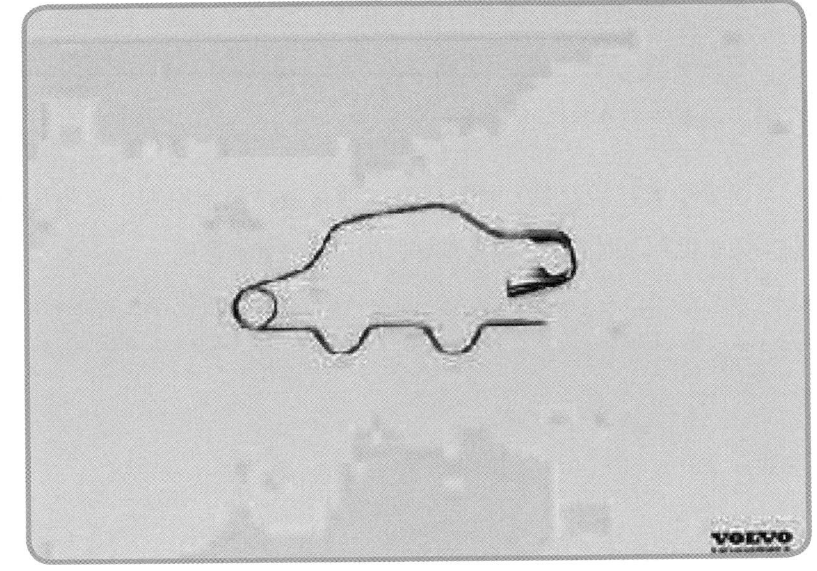


他們激動地說：「現在車輛這麼多，安全是消費者關心的首要問題，何不從安全角度入手，設計一組廣告呢？」

經過多次努力，他們設計完成了一組名為「安全別針」的廣告，這幅廣告內容簡單，在白底畫紙上，一個彎曲成汽車輪廓的安全別針，居於視覺中央。畫面右下角印有「VOLVO」字樣。

簡潔的構圖，直觀的形象，對消費者產生強而有力的影射力，也啟發了消費者的想像，進而傳播出這種車是最安全的轎車的資訊。因此，這則廣告推出後，很受公眾歡迎。

這次廣告創意採取的辦法是典型的頭腦風暴法。所謂頭腦風暴法，又稱智力激盪法或自由思考法，由美國創造學家A．F．奧斯本於1939年首次提出、1953年正式發表。它是一種透過小型會議的組織形式，誘發集體智慧，相互啟發靈感，最終激發創造性思維的程序方法。目前，此法包括奧斯本智力激勵法、默寫式智力激勵法、卡片式智力激勵法等等。

頭腦風暴法在廣告創意中應用很廣，透過此法進行創意時，大體包括準備階段、熱身階段、明確問題、重新表述問題、暢談階段、篩選階段6個部分，其中，暢談階段是廣告創意的核心階段。

在實際廣告創意中，頭腦風暴法通常遵循幾個原則：自由暢想，自由言論原則；禁止批評原則；創意越多越好原則；截長補短原則。

**李奧・貝納的芝加哥廣告公司塑造了一些最令人難忘的廣告人物，他們親暱地將這些角色稱為『尤物』。以下是有出生日期的幾個經典角色：米其林輪胎的必比登（1895年）、莫頓鹽的小姑娘（1911年）、消防熊（1949年）、清潔先生Mr. Clean（1957年）、羅奈爾得・麥當勞叔叔（1966年）。**

——摘自《肥皂劇、性、香菸——美國廣告200年經典範例》

# 廢沫效應──水準思考法

**水準思考法方法主張圍繞特定的主題，離開固定的方向，突破原有的框架，朝著若干方向努力，是一種發散型思維方法。**

義大利文藝復興時期，發生了一件非常有趣的事：一代巨匠米開朗基羅的傑作《大衛》完成後，有人挑剔大衛的鼻子略高了點。大師沒有與其就藝術進行爭論，而是爽快地拿起工具雕鑿起來，過一會兒，他將手心展開，裡面是一堆廢沫。提意見的人看了，高興地誇讚說：「修改後的大衛真是太完美了。」大師輕輕笑了，他說：「其實，我手裡的廢沫不是從大衛的鼻子上雕刻下來的，而是我早就攥在手裡的。」

米開朗基羅巧妙地修正的不是鼻子，而是人們的觀念。這件事情後來廣為流傳，被人們稱作「廢沫效應」。在廣告創意中，許多高明的廣告大師利用「廢沫效應」，創作了一連串不朽的作品。

50年代，萬寶路生產的第一種過濾嘴香菸，因為焦油和尼古丁含量都很低，與當時市場上的「駱駝」、「紅光」、「帕爾．馬爾」、「蔡司特菲爾德」等名牌香菸形成鮮明對比。根據這一特點，他們推出的廣告「像五月天氣一樣柔和」，強調產品的獨特性，消費群體鎖定在女性。他們認為這樣可以突出產品特色，與其他公司競爭。

然而，事情並非如此。萬寶路香菸的銷售量一路下滑，根本無法與其他公司競爭。面對此困境，經理喬．卡爾曼親赴芝加哥，向「創意廣告」的三大代表人物之一的李奧．貝納先生求教。

李奧．貝納熱情地接待了喬．卡爾曼，並向他詳細地詢問了有關產品的情況。然後，他開始仔細分析原因，不久便得出一個答案：吸菸者中女性人數明顯低於男性，消費量也很低，大多數吸菸的女性懷孕後會停止吸菸，即便生子後繼續抽菸，也可能更換牌子，因此，女性市場容量有限，而且不穩定，這些因素決定萬寶路銷售量不會太大。從這些判斷中，李奧．貝納總結說：「萬寶路想要突破眼前困境，必須向男性菸發展。」

根據這一論點，李奧．貝納親自為萬寶路重新設計了廣告。這個廣告的內容是在漫漫黃沙、萬馬奔騰中一個吸著萬寶路香菸的粗獷牛仔。這樣，萬寶路一改往日面貌出現在人們眼前，很快打入男性菸市場。從1954年開始，隨著系列廣告攻勢的展開，萬寶路銷售量迅速上升，到1975年便超過了雲絲頓香菸，位居美國和世界的首位。

那麼，萬寶路的成功來自哪裡呢？1987年，美國權威的統計雜誌《福布斯》對

1546個萬寶路愛好者進行調查，結果很多人一致表示，他們喜歡萬寶路濃烈的菸味和令人身心愉快的感覺。就是說，他們完全是因為喜歡產品才去消費。可是，實際情況是怎樣的呢？多年以來，萬寶路的產品根本沒有改變，依然是從前那種「像五月天氣一樣柔和」的產品，而所謂「菸味濃烈」，只不過是廣告中渲染強調的。浪漫而不羈的牛仔形象徹底改變了公眾對萬寶路固有的觀念。

就這樣，萬寶路一路暢銷，如今世界市場佔有率高達25%，年銷售3000億根之多，據美國《廣告市場週刊》最保守的估計，萬寶路牌至少能賣300億美元。

偉大的廣告創意改變了萬寶路，也為世界帶來一大奇蹟。

萬寶路廣告中突破常規的創意，是水準思考法的體現。水準思考法是由英國心理學家愛德華・戴勃諾（Edward. De Bone）最早提出。此種思考方法主張圍繞特定的主題，離開固定的方向，突破原有的框架，朝著若干方向努力，是一種發散型思維方法。

平時，人們慣用的思考路線是垂直的，注重事物之間的邏輯關係，因此叫做垂直思考法。這種方法容易限制人的思路和視野，因此在廣告創意中容易產生雷同現象，缺乏新意。而水準思考法的特點決定創意可以脫離邏輯性，展開想像，具有很強的發散性，所以比較適合廣告創意。

在進行水準思考創意時，也有一定的原則和要求。首先，需要找到人們常用的創意、表現方法等，進而可以有意識地擺脫它們的影響。其次，尋找多種觀點和看法，並且有意地尋求這些觀點和看法的反面，或者轉移問題的焦點。然後，逐步擺脫舊意識、舊思想和舊觀點，找出最新的問題和解決辦法。最後，在思考過程中，往往出現偶然性的構思，順著這些構思深入發掘，容易產生新的概念。

**相似的產品在開發創意戰略時，風格大致相同。利用廣告詞拓展和市場細分也解決不了問題。所有的創意都旨在說服別人為什麼這種產品好於其他產品，因而盡量使自己顯得有權威、果斷、具有競爭力。BBD0公司很清楚地知道不能進行理性推銷。我們認為廣告實際上是消費者與品牌的一次接觸。我們很謹慎小心地使這一次接觸盡可能愉快、溫暖、富於人情味，而從行銷戰略的角度看還很恰當。**

——BBDO公司董事長、總裁和前任創意指導艾倫·羅森基

# 絕對完美的伏特加——大創意

**所謂大創意，即big idea，中文解釋是「大創意」或「好的創意」。這是最近幾年提出的關於創意概念的新說法。分為尋找大創意、實現大創意兩個過程。**

這是20世紀70年代，生產伏特加酒的瑞典卡瑞龍公司一直想打開美國市場的大門，可是形勢不太樂觀。當時的美國人不習慣飲用伏特加，他們常常把伏特加和柳橙汁、番茄汁等混合起來飲用，美國的伏特加年銷售量僅4000萬箱。更為要命的是，99%的美國人喝國產伏特加，只有1%市場屬於進口產品。

這1%的市場也不能讓卡瑞龍公司安心，畢竟多年來人們一貫認為只有俄羅斯才能生產純正的伏特加，至於瑞典，美國沒有幾人把它和伏特加聯想在一起。而且，絕對牌伏特加也沒有什麼特色，它的瓶子難看，品牌怪異。面對如此不利局勢，卡瑞龍公司卻不肯死心，他們有自己的想法，絕對牌伏特加與消費者印象中的伏特加不同，人們不理解它，是因為人們不知道它。看來，現在只有一條路可走了，那就是用強勁的廣告宣傳讓人們認識它、瞭解它。

卡瑞龍公司選定了廣告代理商TBWA公司，請他們為絕對伏特加進軍美國市場制訂廣告策略。這是一個艱巨的任務，TBWA公司不敢怠慢，派出精兵強將負責這次策劃工作。其中核心人物是一對很有經驗的搭檔：創意總監吉奧夫·海斯（Geoff Hayes）與文案格萊漢姆·特納（Graham Turner）。

兩人立即投入緊張的策劃之中，很快，他們提出了突出產地瑞典的廣告創意。因為瑞典有著400年的伏特加生產歷史，這可以證明產品品質。根據這個創意，他們很快找到了與之相關的廣告內容，一個正在洗熱水澡的瑞典人。原來，在美國人的印象中，瑞典的概念是比較空白的，提起瑞典，他們最多想到的就是熱水桶澡、沃爾沃汽車，或者像英格麗·褒曼那樣高個子的金髮美女。

看著新創作出來的畫面，海斯和格納有些失望，覺得它很難體現絕對伏特加的品質。兩人繼續討論起來，海斯說：「絕對只有與最高檔次的產品相比，才能突出自己的品質，現在最高級的伏特加來自俄羅斯，我們只強調瑞典，離題太遠了。」格納回應道：「對啊！瑞典在美國人的印象中簡直就是空白，很多人恐怕不知道瑞典這個詞怎麼寫。他們很可能會把瑞典與其他以Sw開頭的國家如瑞士（Swizerland）和瑞典（Swiss）等混淆。」

談論多時，兩人一致否定了原來的創意，決定以一種「絕對伏特加是市場上最好的伏特加」這樣的概念去創意。當然，他們清楚面臨的困難，絕對伏特加雖說品質最棒、價格最高，可是實在毫無特點可言，究竟該如何創意，真是個難題。

這天是創意提案上交的最後一天了，要是沒有其他好創意，就只能把洗熱水澡的創意交上去了。傍晚時分，海斯還沒有想出什麼來，他只好帶著工作趕回家去。

夜晚降臨，吃過晚飯的海斯坐在電視機前，一邊看電視一邊畫著草圖。畫著畫著，紙上出現了一個瓶子，接著，他又在上面繞上一個光環，海斯望著自己隨意畫出的圖案，靈機一動，他在這幅簡單的作品下面寫道：這就是絕對的完美（This is Absolute Perfection）。寫完之後，他覺得心情異常激動，似乎擺在眼前的難題一下子解決了。

第二天，海斯匆匆忙忙趕到公司，將自己的作品交給格納說：「你看，這是不是絕對完美的作品？」格納接過畫作，立即興奮地說：「太好了，絕對完美。」說完，他拿起筆，刪去標題中多餘的文字，只留下絕對完美（Absolute Perfection）兩個字。

這時，所有創意人員都走過來，他們看著這幅畫作，無不表示道：「這比熱水澡創意強多了。」受此啟發，他們展開想像，5分鐘內竟然想出了10個創意，形成了一個系列的廣告。

廣告推出後，簡潔的標題和光環瓶子引起人們極大的興趣和注意，特別是「絕對××」系列的標題，一語雙關地表現了產品的某種特點，進而將產品的獨特性傳達給人們。而且，與視覺相關的廣告語能引起人們無窮的聯想，賦予廣告一種獨特和奇妙的魅力。尋找獨特創意並予以實施，是整個創意過程中最艱苦、最耗時的工作，同時也是收穫最大的時刻。廣告人員需要完成兩項任務：一，尋找大創意；二，實現大創意。

首先，尋找大創意是一種心智檢索的過程，是一種藝術家行為。這是說廣告人員在撰寫文案或設計美術作品前，應該先在頭腦中形成廣告的大致模樣，這個環節就叫做「形象化過程」，是廣告創意的第一步，也是最重要的一步。

其次，尋找到了大創意之後，創意人員應該抓住時機，實現大創意。這個過程就是透過文字、圖像、音響等符號將資訊塑造或完整的傳播形態，以打動受眾的心靈與感情的過程。同時，這些符號不僅要單純的傳播資訊，還要營造氛圍，構成整體感，給人愉悅感。

**TBWA：是屬安曆琴（Ommicom）集團旗下的著名跨國廣告公司。它成立於1970年，是由特拉格斯（Tragos）、邦那內奇（Bonnange）、威森丹傑（Wiesendanger）及阿傑羅戴（Ajroldi）4個來自不同國家、不同背景和具有不同經驗的廣告人組成的廣告公司。TBWA之名就是來自這四位創始人名字的首字母組合。1995年與安曆琴旗下的Chiat/Day廣告公司合併，全稱為TBWA Chiat/Day。目前，TBWA的分公司遍佈全球63個國家，設有137個辦事處，全球員工達5300人。全球總營業額為65億美元。**

# 伯樂一顧，身價十倍——名人效應

**根據名人行業不同，他們做的廣告也有分類，包括文藝名人廣告、體育名人廣告、歷史名人廣告、虛擬名人廣告等。**

《戰國策．燕策二》記載：戰國時，蘇代說淳于髡，謂人有告伯樂曰，臣有駿馬欲賣，連三旦立於市，人莫與言；願子一顧之，請獻一朝之費。伯樂乃環而視之，去而顧之，一旦而馬價十倍。

這個故事的大意是：戰國時期，蘇代對淳于髡講了一件事，他說有個賣駿馬的人，雖然賣的是一群健壯善跑的駿馬，卻在市場上停了三天乏人問津。這個人想來想去，決定去找善於識別駿馬的伯樂。請伯樂到他賣的馬群旁邊，繞著馬群轉一圈，臨走還回頭看看，表現出依依不捨的樣子。這個人表示只要伯樂照他的話做了，他就把一個早上賺的錢全部送給伯樂。伯樂照他說的做了，結果，那批乏人問津的馬，價格一下子提高了十倍。

這種利用名人推銷商品的事情屢有發生，也廣泛出現在廣告宣傳活動中。有一年，因主演《蘇洛》而風靡世界的法國電影明星亞蘭．德倫到日本訪問，這件事引起了日本洛騰口香糖公司的經理辛格浩的密切重視。辛格浩是個精明人，此時，他公司的「洛騰口香糖」銷售疲軟，資金周轉不靈。他想，亞蘭．德倫是世界名人，深受日本觀眾喜愛，要是抓住機會，讓他為自己的產品宣傳一下，豈不是可以促進

銷售？想到這裡，他立即派人四處活動，千方百計邀請亞蘭・德倫來廠參觀。

經過各方努力，亞蘭・德倫果真接受了邀請，決定到洛騰口香糖工廠參觀。這天，全廠張燈結綵，十分熱鬧，一派節日氣氛。辛格浩率領公司首腦人物站在廠門恭候歡迎，熱忱周到。亞蘭・德倫來了，辛格浩熱情地接待著，與他寒暄閒聊。當然，他不會忘記自己的目的，為此，他早就做了充分安排，讓五、六個懷揣微型錄音機的職員充當接待人員，叮囑他們寸步不離亞蘭・德倫左右，同時，他還花高價聘請了攝影師把參觀的全部過程都拍攝下來。

就這樣，亞蘭・德倫跟著接待人員參觀配料廠房、壓製廠房，隨後來到了包裝廠房。在這裡，接待人員按照事先安排的程式請亞蘭・德倫品嚐巧克力。盛情難卻的亞蘭・德倫將一塊巧克力放進嘴裡，醇香的口味讓他非常滿意，隨口說道：「我沒想到日本也有這麼棒的巧克力……」。這句話一說出口，頓時令在場的接待人員喜出望外，他們終於錄下了一句至關重要的話。

晚上，日本電視臺播出了洛騰口香糖的廣告，只見亞蘭・德倫笑咪咪地嚐了一小塊巧克力口香糖，嚼著說道：「我沒想到日本也有這麼棒的巧克力……」。廣告播出的同時，成千上萬的亞蘭・德倫迷像瘋了一樣，旋即迷上了洛騰口香糖，他們爭先恐後地購買這種巧克力口香糖。很快，所有商店的「洛騰口香糖」都賣光了，庫存也一掃而光。

請名人做廣告已經是非常普及的現象，這抓住了人們信任名人的心理，進而構成了一種重要的廣告文化現象——名人廣告文化。

當今社會，是一個名人崇拜的時代，人們關心名人、喜歡名人、模仿名人、追隨名人的所作所為。因此，無數廠商透過名人來說服消費者，讓他們選購使用自己的產品。根據名人行業不同，他們做的廣告也有分類，包括文藝名人廣告、體育名人廣告、歷史名人廣告、虛擬名人廣告等。

進行名人廣告策劃時，需要注意幾點：名人形象與品牌形象是否一致；名人形象是否過於分散；名人形象是否已破壞；名人是否喧賓奪主；目標顧客對名人的認知度；名人廣告的真實性；建構名人廣告風險防範機制；符合法律法規。

**與其說李施德林製造了漱口水，不如說它製造了口臭。或者，用廣告術語來說，你出售的不是產品而是需要。**

——詹姆斯・B・特威切爾：《震撼世界的20例廣告》

# 諾貝爾的炸藥——科技廣告說服

**科學技術的發展日新月異，但是通常的消費者不可能對所有的科學技術都瞭解。因此，在廣告中，注重產品的科技性能，並且多採用先進的科技手段、策略，是一種非常好的宣傳手法。**

諾貝爾是偉大的科學家，他發明了雷管，使硝化甘油成為一種可以付諸使用的炸藥，因此名揚四海，創建了自己的工廠。然而，正當他的事業蒸蒸日上之時，問題出現了：由於硝化甘油在運輸儲存中不斷發生爆炸事故，人們對它產生恐懼心理，簡直是談炸藥色變，一時間，各國政府明令禁止使用和儲存硝化甘油。就這樣，諾貝爾的事業陷入了危機當中。

面對危機，諾貝爾沒有放棄，他又一次鑽進實驗室，開始發明安全可靠的炸藥產品。很快，他有了新的成果，用一種產於德國北部的吸附力強、化學性能穩定的矽藻土做為吸附物，製成固體炸藥。經過多次試驗，諾貝爾得出結論，這種固體炸藥性能穩定，比硝化甘油安全多了，絕對可以放心使用。

可是，人們想起一次次硝化甘油爆炸事件，依然心有餘悸，不敢使用固體炸藥。為了推廣自己的產品，諾貝爾想出了一個主意。1867年，他開始向人們親自示範使用固體炸藥，證明它的安全性。7月14日，諾貝爾宣佈在英國的一個礦山做示範試驗，為了得到公眾認可，他還特地邀請了企業界的很多名人。示範開始了，諾貝爾將10磅固體炸藥放在木柴上點燃，隨後從60公尺高的崖上將它扔下，在火燒和撞擊下，10磅炸藥沒有爆炸，而是安全無恙。這下子，足以說明固體炸藥的安全性能了，炸藥雖然安全，但是爆炸威力怎麼樣？諾貝爾繼續進行著試驗，他將炸藥裝進15公尺的深洞裡，用引爆劑引爆，只聽晴天霹靂一聲巨響，山洞內碎石亂飛，塵土高揚，真是威力無比。透過這次試驗，人們看到了固體炸藥的安全性能和爆炸威力，進而打消了原先的顧慮。諾貝爾這次示範成了一次特殊的廣告，消息不脛而走，短短幾年時間，固體炸藥的銷售量猛增，也改變了人們的生活。

諾貝爾透過試驗成功宣傳了自己的炸藥產品，在這裡，他的試驗發揮了科技廣告說服的作用。所謂科技廣告說服，指的是透過展現產品的科技性能，或者透過科學的手段進行的廣告。科學技術的發展日新月異，但是一般的消費者不可能對所有的科學技術都瞭解。因此，在廣告中，注重產品的科技性能，並且多採用先進的科技手法、策略，透過科學說服，讓消費者認為廣告中宣傳的東西是科學的時候，他們就會心甘情願的接受廣告。

當然，科技說服中需要注意一點，即就是避免利用科技說服進行虛假廣告。由於人們對科學的崇拜心理，有些廣告會製造一些模糊的科技概念，藉機銷售產品，這些都是廣告人需要注意並避免的。

**如果我看上去有點像一隻兔子，那是因為我這22年一直不停地用鼻子嗅我自己以及我遇到的任何一個人。**

——曾負責李施德林廣告22年之久的喬頓．西格魯威（Gordon Seagrove）

# 越個性越時尚——時尚說服

**時尚具有一個顯著特色，那就是它是被人為創造出來的。這種特性決定了它在廣告文化中的價值，一旦人們認為廣告宣傳的內容是時尚的，它們就容易被接受。**

迪塞爾服裝提倡簡樸開放，獨具個性。其中的牛仔服大多用水洗布做成，看上去很舊，有些上面還有破洞。這種服裝，自然招來一片非議，人們對此不肯認同。但是，正是由於與眾不同，也獲得了部分人的喜歡，這些人就是那些追求年輕、時尚的年輕人。在他們的支持下，迪塞爾的服裝還是有銷路的。

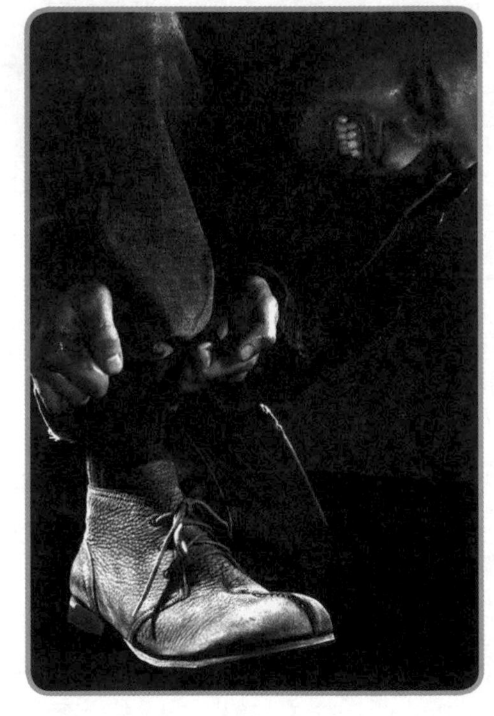

1991年，迪塞爾準備在全球展開廣告活動，擴大產品銷售量，提升企業形象。接受廣告設計任務的廣告人名叫羅素，他透過調查分析，決定採取一種驚世駭俗和幽默的廣告創意，來體現迪塞爾的特色，與當時大部分服裝廣告宣傳的「舒適、漂亮」之類的老套語言形成強烈對比。在此理念指導下，他創作了一連串廣告，這些內容採用說反話、諷刺與幽默的手法，而且總是不讓人那麼容易就看懂的表現形式，內容卻涉及同性戀、非洲難民等所有全球問題，甚至拿宗教開玩笑。這樣，廣告語「為了活得成功」很快深入年輕人心中，正符合他們一邊表達對這個世界的質疑，一邊又開心地做出一些超乎常規的舉動的時尚行為。

透過這些廣告，羅素和他的廣告公司獲得了很多獎項，迪塞爾也成功實現了品牌目標。現在，迪塞爾幾乎每年都要設計推出50款新穎、富有創意的牛仔服。迪塞爾男女款休閒裝，已經成為年輕人時尚的追求。

迪塞爾廣告充分體現了時尚的說服能力。什麼是時尚？可以說，它是人們賦予自己的一種追求權利，是一種示範形式。

時尚具有一個顯著特色，那就是它是被人為創造出來的。這種特性決定了它在廣告文化中的價值，一旦人們認為廣告宣傳的內容是時尚的，它們就容易被接受。所以，廣告宣傳中時尚策略的應用非常常見。這是因為，人們普遍具有模仿和從眾的心理，這種心理對於追求時尚起了重要作用。

**當我創作廣告正文時我一直在考慮讀者，我會不停地問自己：我說清楚了沒有？他會有什麼顧慮？我說的東西有趣嗎？如此種種。**

——智威湯遜廣告公司文案，詹姆斯．韋伯．揚

# 皇帝賜名——情感說服

**不管商品和品牌的價值如何，它們本身並不具有情感，但是，廣告可以賦予它們一定的情感因素，使它們更加接近消費者。**

1200多年前，正值盛唐之際，唐玄宗李隆基寵愛楊貴妃，「春宵苦短日高起，從此君王不早朝」。長期沉迷於酒色之中，他的身體日漸衰弱，臉色虛黃，四肢倦怠。儘管太醫用盡良方，效果依然不好。這天，有位太醫上奏道：「臣東遊，出商雒，聞伏牛山中一老翁，140餘歲，有子女54人，長子已123歲，而幼女年方2歲。」唐玄宗聞奏大奇，連忙下詔召見老翁。老翁奉詔見駕，頓令唐玄宗大開眼界。只見這位老翁烏髮童顏，舉止若壯年，如神人通常。唐玄宗詢問其中原因，老翁答道：「草民採百花之精，萬藥之神，五眼泉之水釀造美酒，常飲所致。」隨後，老翁將酒獻給唐玄宗。玄宗接過美酒，賞賜了老翁。接下來，他日日飲用此酒，不久，精力大增，體力充沛，似乎年輕了幾十歲。唐玄宗大喜，賜酒名「養生酒」，賜老翁為「長壽翁」。從此，養生酒的秘方流傳下來，代代沿襲使用，千餘載來，從未斷絕流失。

與上述故事相似的還有一段傳說：劉伶是個有名的酒鬼，他整天狂喝濫飲，昏昏沉沉。有一天，劉伶告訴他老婆，自己要戒酒了，但怕戒不掉，需要備酒置菜，祭告神祖，在神祖監督下戒除。老婆很高興，連忙為他準備酒菜、香燭。

劉伶焚香點燭，擺好酒菜，跪在神祖面前磕頭說：「天生劉伶，以酒為名，一飲一斛，五斗解醒，婦人之言，慎不可聽。」祭畢，就在祭壇前痛飲大醉。

劉伶的妻子這才恍然明白，劉伶不可能戒酒了，就由他去吧！從此，劉伶專心尋訪名酒，以痛飲大醉為樂事。一天，他聽人說酒仙杜康造酒極佳，便親自上門賒酤。杜康告誡他說：「此酒力特強不可多飲，如果致醉，非3年不醒。」劉伶不服氣，拿回家一頓狂飲，結果爛醉如泥。他老婆以為他醉死了，含淚把他埋了。3年後，杜康來到劉家，要收劉伶賒欠的酒帳。劉伶的妻子又哭又鬧，訴說丈夫醉死的事情。杜康搖頭說：「挖開墓穴，一切自然明瞭。」等到墓穴挖開，露出棺材，杜康一把抓住劉伶喊道：「還我酒帳。」劉伶連聲說著：「好酒、好酒。」慢慢甦醒過來。他如數還清杜康的酒錢，兩人成為至交好友。從此，「劉伶飲杜康，一醉睡3年」的傳說也就流傳開來。

上面這兩個故事其實都是廣告的內容，這種以故事情節為核心設計的廣告，透過豐富有趣的情節打動消費者，調動他們的情感投入。這就是廣告文化中情感說服的一種方式。情感是一種自然的生物現象，更是一種高雅的文化現象，是最容易打動人的一種說服方法，也是廣告中經常採用的一種方式。商品和品牌本身並不具有情感，但廣告可以賦予它們一定的情感因素，使它們更加接近消費者。同時，在訴諸情感說服的同時，要注意情理結合，說理和製造情感雙管齊下，才能達到應有的效果。

**Volkswagen的廣告在廣告史上是獨一無二的，它的口吻、風格、智慧和非比尋常這麼多年來被模仿、抄襲、複製、改造等，但從來沒有哪個廣告像它那樣贏得那麼多關注與尊敬。」「大眾甲殼蟲車的『想想小的好』廣告挑戰了人類貪得無厭的本性，使得甲殼蟲這種比較醜的車型竟然成為最成功的進口車型，其廣告策略也成為永遠改變廣告歷史的案例。**

──《廣告時代》的評論

# 大西洋縮小了——聯想策略

**邏輯策略是指在廣告創意過程中，運用概念、判斷、推理這一套邏輯思維方法，有根有據地論證廣告商品的優點、長處，讓廣告對象以自己的邏輯思維作出合理的判斷。**

以色列有家航空公司，準備引進噴射式飛機，為旅客提供更快、更好的服務。為了擴大影響，吸引消費者，他們決定推出廣告宣傳自己。

當時，噴射式飛機剛剛上市，它的飛行速度遠遠超過以往飛機的速度，極大地縮短了來往於世界各地之間的時間。而且根據試驗發現，從美國跨越大西洋飛往倫敦的時間縮短了20％。在策劃廣告時，以色列航空公司想到了這一點，他們討論認為：「人們乘坐飛機就是為了節約時間，現在，噴射式飛機飛得更快了，我們應該在廣告中強調這一點。」可是，如果直接告訴人們噴射式飛機的優點，會不會缺乏吸引力？

有鑑於此，有人提出了這樣的建議：「我們何不反其道而行之，先告訴人們大西洋將要縮小20%，這一點一定會吸引很多人注意。」

這一說法立即引起了大家的關注，大家議論紛紛，有人說：「對啊，縮短20%的時間不就等於大西洋縮小了20%嗎？」有人說：「這個創意新穎，人們肯定對大西洋即將縮小感興趣。」經過討論分析，最後，一則廣告問世了：「自12月23日起，大西洋將縮小20%。」

廣告推出後，果然影響巨大，人們紛紛疑惑：「大西洋真的要縮小嗎？這是什麼原因造成的？」在這樣的思索和追問之下，答案出來了，因為噴射式飛機速度加快，使距離相對縮短。面對這個答案，人們在釋懷之際，自然十分深刻地記住了以色列航空公司，記住了他們即將採用噴射式飛機，並且很想乘坐噴射式飛機飛躍大西洋，體驗快速飛行的感覺。

以色列航空公司採取由果及因策略，引導人們展開聯想的方法，在廣告創意中經常見到。與他們相似進行廣告宣傳的案例很多，拜高殺蟲劑就曾經推出過一則廣告。廣告設計非常簡單，畫面上沒有文案，沒有說明，只有廚房門口露出的一隻手，外加一個產品標識。這個簡單的畫面卻含著豐富的內涵，因為露出的手不是普通的手，而是蜘蛛人的手。

這則廣告是著名廣告公司BBDO策劃的。2002年，好萊塢大片《蜘蛛人》全球狂賣，掀起一股強烈的「蜘蛛人」旋風。BBDO當然不會錯過這一時機，他們為拜高創意了這一廣告，並在雜誌、戶外廣告等多種媒體大量推出。結果，效果十分明顯，2003年，拜高取得了全球第一的銷售量，成功成為全球家用殺蟲劑的第一品牌。

這兩個廣告都巧妙地運用了聯想策略，使人們透過提出的事物展開聯想，進而思索，繼而達到預期宣傳效果。在廣告實戰中，聯想策略包括正向推理的表現、逆向推理的表現。

正向推理的廣告創意表現通常基於以下邏輯：擁有了該品牌的產品或服務，就會出現什麼好的局面。具體運用正向推理時，還可以分為兩種表現思路：由因及果和由果及因，即正是因為用了某產品或某服務，才出現了好的結果，以及之所以出現了好的結果是因為用了某產品或某服務。

逆向推理與正向推理的廣告創意相反，它基於以下邏輯：不購買或使用某產品或服務，就會出現什麼壞的局面。與正面推理相似，反向推理也有兩種表現思路：由因及果和由果及因，即正是因為沒有使用某產品或某服務，就出現了壞的結果，以及之所以出現了不好的結果是因為沒有使用某產品或某服務。

**夏洛特．比爾斯（Charlotte Beers）：著名的「品牌製造皇后」、前奧美廣告公司的首席執行長，曾經是全球最大廣告公司智威湯遜廣告公司的董事長。《財富》評選出的7位世界上最有權力的女人之一。**

# 他在說謊——誇張創意

**誇張策略的使用要點是，透過把某事件的特點和個性中的某個方面加以誇大，賦予一種新奇的變化，使產品的特徵更加鮮明、突出。**

廣告創意形形色色，無奇不有，20世紀80年代中期，日本五十鈴在美國推出了一個電視廣告，這個廣告引起強烈迴響，轟動一時。

當時，五十鈴委託的廣告公司分析認為，目前汽車廣告已經非常多，車業競爭激烈，如果按照習慣，以注重產品性能或者強調舒適性等等推出廣告，很難引起強烈迴響，效果不會太好。那麼，應該怎麼樣在密不透風的車業廣告中找到一席之地，凸顯自我特色呢？

經過長時間探討研究，五十鈴確定了一個方案，這就是反其道而行之，即將推出的廣告既不宣傳自家產品的好處，也不強調公司的信任度，而是以自嘲自貶方式演出廣告。為此，他們邀請滑稽藝人大衛．里特扮演廣告片中的主角，名叫「五十鈴約瑟」，外號「吹牛皮大王」。

這則廣告內容很簡單：大衛．里特飾演的「吹牛皮大王」出場了，他說：「五十鈴房車被汽車雜誌權威評為汽車大王。」話音一落，他不見了，螢幕上只有一行醒目的字：他在說謊！接著，大衛．里特又出來了，他說：「五十鈴房車最高時速可達300英里。」字幕再次打出：他在說謊！大衛．里特又冒出來了：「五十鈴房車經銷商非富即貴，因此，他們把它賤賣，只售9美元整。」又一行字幕：他在說

謊！大衛．里特第四次站出來，說：「假如你明天來看看五十鈴的話，你可得到一棟房子做為贈品。」 字幕同樣快速地打出：他在說謊！最後，大衛．里特搖頭晃腦為自己辯解說：「我絕不會說謊，絕不是吹牛皮的人。」 字幕毫不客氣地打出：他在說謊！

就是這樣一則內容簡單的廣告，由於風格滑稽，創意獨特，採取了一般人不敢採用的誇張手法，進而一舉成功，造成轟動效應，得到《廣告時代》週刊的好評，為五十鈴在美國的銷售帶來了前所未有的效果，後來還被評為80年代美國經典廣告創意之一。

廣告中運用誇張策略是常用的創意手法，在這裡，適當的誇張不是吹牛，而是刺激，因為刺激，人們才會產生興趣，進而產生購買的衝動。誇張策略的使用要點是，透過把某事件的特點和個性中的某個方面加以誇大，賦予一種新奇的變化，使產品的特徵更加鮮明、突出。

誇張手法可以應用在廣告創意中的各個方面，既可以用在突出產品品質上，也可以用在表現形式上，還可以體現某種服務的過人之處。在廣告中，常用的誇張手法包括擴大型誇張、縮小型誇張和關聯式誇張。

**消費者認為廣告誇張一點沒有什麼大不了的……他們認為廣告毫無疑問都是有偏見的，總要讓自己的產品看起來具有吸引力。**

——哈佛大學廣告學教授尼爾．伯頓

# 愛上美國馬鈴薯——本土化策略

**本土化策略就是根據目標市場的國家和地區的特點，採用有針對性的廣告策略，製作具有不同廣告訴求、廣告創意和廣告表現手法的廣告作品。**

俗話說：「習慣成自然。」若改變人們的習慣，也必須採取「外因透過內因」起變化的招術，讓消費者自自然然聽你的指揮。美國人就曾經巧妙地運用了本土化策略，使得日本人愛上了美國馬鈴薯。

美國人注意到，日本出口到美國的產品逐年增多，而美國出口到日本的產品數量卻在下降，這一貿易逆差使經濟發達的美國人十分不滿，不少美國企業暗下決心，打算進軍日本，扭轉這種貿易逆差現象。

一家美國食品公司率先登陸日本，打響了這次戰役。這是食品業的名流——奧裡伊達食品公司，他們的目標是：讓日本人把美國馬鈴薯當成日常食品。可是，讓他們大感頭疼的是，日本人根本不愛吃馬鈴薯，對美國馬鈴薯更沒有什麼感情可言。看來，要想讓日本人吃美國馬鈴薯，首先要改變他們的飲食習慣，讓他們愛上吃馬鈴薯。這可是個棘手問題，怎麼樣改變日本人呢？

奧裡伊達公司經過仔細研究分析，找到了一個突破口。那就是日本人普遍具有崇尚歐、美的心理，對歐美的產品、公司抱有認同感。根據這一點，奧裡伊達公司制訂了一連串廣告宣傳，他們把馬鈴薯肉末餅說成是奧裡伊達產品，並把它列入麥當勞速食的早餐菜單，大力宣揚。日本人十分崇尚奧裡伊達公司和它的產品，現在聽說他們的菜單裡有馬鈴薯，於是紛紛效仿，去超級市場購買馬鈴薯，並模仿奧裡伊達公司的做法食用馬鈴薯。

經過長時間的宣傳之後，越來越多的日本人開始食用馬鈴薯。對此，一家雜誌還進行了調查，結果顯示有10%的日本人認為馬鈴薯是早餐中不可缺少的食品。美國各大公司透過把握日本人心理而進行的廣告創意活動，是本土化策略的成功運用。

所謂本土化策略，就是廣告創意時，根據目標市場的國家和地區的特點，採用有針對性的廣告策略，製作具有不同廣告訴求、廣告創意和廣告表現手法的廣告作品。

不同的國家和地區都有各自獨特的文化傳承，儘管現今世界文化交流頻繁，可是文化的交流並未達到充分的融合，消費者還無法完全理解和接受外來的文化。所以，在廣告創作時尊重各國文化的特異性，遵從各地人們的心理特色，是產品進軍國外市場所必須做的工作。

**WPP集團：成立於1985年5月9日，總部設在英國，經營線纜與塑膠產品（Wire & Plastic Products），1987年和1989年相繼併購了智威湯遜和奧美兩家全球著名的廣告公司。現在WPP集團的收入中，非廣告部分和廣告部分幾乎各佔一半。它的事業有40%在美國、40%在歐洲，另外20%在亞太和拉丁美洲。集團擁有極強的研究事業。在世界上擁有40家不同傳播事業的公司，在83個國家，有784間辦公室。**

# 請不要喝完我們的啤酒——幽默創意

**幽默策略可以將產品資訊巧妙傳遞，是一種非常有用的創意手法。在運用幽默策略時，一定要注意針對適合的產品，並與廣告目的緊密配合，才能達到有效傳遞的效果。**

法國的克隆堡啤酒要出口到美國，如何讓美國人對法國啤酒感興趣，成為法國人最為關心的問題。克隆堡啤酒於是委託廣告人員創作廣告，為銷售做宣傳。

法國的廣告人員經過研究分析，認為想要讓外國人接受一種新產品，最好的辦法就是找到認同感，讓他們從廣告中有所享受。而美國人喜歡幽默，要是從這一點入手，是不是可以更輕鬆更準確地獲得美國人對法國啤酒的好感呢？

於是，一連串幽默風趣的廣告用語誕生了，它們有的這樣說 ：「法國的阿爾薩斯（克隆堡啤酒的產地）人十分惋惜地宣告珍貴的克隆堡啤酒正在源源不斷地流向美國。」

有的這樣說：「阿爾薩斯人誠懇地要求美國不要喝完我們的克隆堡啤酒。」還有的是說：「阿爾薩斯真捨不得讓克隆堡啤酒離開他們。」這些語言十分適合美國人的胃口，讓他們在幽默中感受到法國啤酒的優良品質，真是巧妙到位。

結合廣告用語，廣告人員還設計了電視廣告文案，這些畫面也是充滿幽默情調：當法國人在看到克隆堡啤酒裝上卡車向美國駛去時，男女老少悲傷落淚，一副不忍之態。

當廣告人員將這些幽默詼諧的廣告創意呈交上去時，獲得了一致認可。不久，美國電視上相繼推出了這些廣告。由於廣告手法的幽默詼諧動人，美國人果真很快喜愛上法國克隆堡啤酒。

其實，在廣告實戰中，運用幽默策略的案例很多，特別是在歐美國家，這樣的廣告可謂遍地都是：

有一個雜誌向全國各地寄發了大量訂閱單，待訂閱終止日期，收回率卻不很高，於是他們又進行了一次全國性的徵訂。

這次在徵訂單上畫了一幅漫畫：負責此項訂閱工作的小姐因為沒收到貴公司訂閱的回音，正在傷心哭泣。

美國芝加哥一家美容院的看板上寫道：「不要對剛剛從我們這裡出來的姑娘使眼色，她很可能是您的奶奶！」

瑞士旅遊公司的看板上寫著：「還不快去阿爾卑斯山玩玩，六千年後這座山就沒了。」

由於西方國家車禍多，到處都有警告司機的大牌子。美國伊利諾斯州有一個十字路口旁的牌子上寫道：「開慢點吧！我們已經忙不過來了！」署名是：「棺材匠。」

從上面這些幽默的廣告語言中，我們可以領略到幽默創意的種種妙處。實際上，幽默策略就是將產品資訊巧妙傳遞的一種手法。它能有效地吸引觀眾的注意力，能透澈地點明事物的本質和核心，並且還會給觀眾留下悠長的回味餘地。

但運用幽默策略時，廣告商品必須是適合的產品，而且所用的幽默必須與廣告訴求點緊密相扣，並能夠有效傳遞，這樣，健康、幽默的情節才能夠真正打動消費者。

1864年，詹姆斯·沃爾特·湯普遜在紐約花了500美元買下了一家在宗教雜誌賣廣告版面的小公司，並以自己的名字為公司命名。1870年，湯普遜利用增加廣告篇幅的方法來銷售雜誌，並雇傭作家和藝術家來設計廣告，幫助廣告主改進他們想傳達的訊息。這種開拓性的經營方法所包含的廣告哲學，就是廣告公司提供全面服務的思想源頭。湯普遜首開提供包括文案撰寫、版面策劃、全套設計、商標開發，甚至市場調查等服務的紀錄，使得公司在1897年登上霸主地位。

# 減速10公里——恐懼訴求

**將恐懼做為創意概念運用在廣告創作中，用可以危害人的健康、安全等狀況的事例，來引起人們的注意，或者引起人們的害怕、擔憂、焦慮等情緒，會提升廣告的說服力，其最終的目的是為了銷售商品或傳達特定的廣告資訊。**

在廣告實踐中，恐懼創意經常用於戒菸、拒絕毒品、保護環境、維護和平等公益廣告，廣告透過一定的表現方式來使受眾與所處的現實狀況產生聯想，產生心理恐懼感，進而希望受眾改變自己的行為。

國外一個著名的交通安全廣告是「閣下駕駛汽車，時速不超過30英里，可以欣賞到本市的美麗景色；超過60英里，請到法庭做客；超過80英里，請光顧本市設備最新的醫院；上了100英里，祝您安息吧！」

第45屆戛納國際廣告節獲獎作品之「減速10公里」篇採用的恐懼創意是透過真實情景的再現來警示人們要注意交通安全。情節如下：

一個行人走在車道，有一輛汽車疾駛而來。車禍過程：剎車聲、撞擊聲，行人被車撞得在空中翻滾，重重的落到地面上。

在一家醫院的手術室裡。一位外科醫生對著鏡頭講話：「我是一名外科醫生。我要重新表述當人體被速度為每小時70英里的汽車剎車時撞倒，在不到2/10秒的時間裡，人體會變得怎樣。第一次打擊將發生在每小時46英里左右。」

隨著外科醫生描述著人體發生的情況，事故被用慢鏡頭重播了一遍。

「緩衝器撞碎了膝關節，撕碎肌肉和韌帶。頭部的重量撞碎了擋風玻璃。脖子斷了。頭顱碎了。腦漿破裂，在2/10秒的時間裡身體會撞擊路面。有70%的可能會喪命。」

另一個行人橫越馬路，一輛車尖叫著剎了車。

「如果你是從每小時60英里，而不是70英里的速度剎車，你有可能會及時停下來。想想吧！」字幕：「每小時速度降低10英里，就會挽救許多不少的生命。TAC（電視諮詢委員會）。」

心理學中關於說服理論的研究顯示，在各種訴諸人們情感的說服力量中，恐懼喚起是最容易促使說服對象採取某種行為或改變其不良行為的方法。

廣告研究也顯示，引起消費者的恐懼是使其改變某種不良行為，或採取廣告主所期望的某種行為的一種有效方法。這則公益廣告就是利用恐懼的創意手法，使人們在感到恐懼的同時引起人們的思考，進而改變人們的不良行為。

恐懼訴求是促使人們接受廣告資訊的一種行之有效的方式。它通常都會有比較強的影響力，因為人類會本能地趨利避害。恐懼訴求起作用的原理在於，人們會因為你的警告聯想到如果不遵從廣告資訊會帶來的可怕後果，正是基於這樣的心理機制人們才更願意聽從廣告中提出的勸說。

運用恐懼訴求方式的廣告通常具有以下三個特點：一是比較強的吸引力，容易引起受眾的關注；二是較強的干擾力，因其自身的獨特性更受關注，進而對競爭者產生較強干擾力；三是適度的刺激，強度太小無法引起注意，但太大又會嚇跑受眾，因此好的廣告一定會選擇一個適當的刺激度，才能達到效果。

**消費者希望和自己喜歡的公司打交道，如果他們喜歡我們，他們就可能在商店裡嘗試我們的產品。這主意多好。有時，受人愛戴本身就是一種戰略。**

——Hal Rainey夥伴廣告公司的史蒂夫．斯韋策（Steve Swetizer）

# 「我和我的卡文之間什麼都沒有」——性感廣告

**現代廣告在其進程中，自始至終體現和充滿了一種對性的興趣，廣告的獨特性在「性」的領域正在開闢一片天地，許多廣告人相信，善於在廣告中運用「性」能增強廣告的吸引力。**

成功的廣告不僅會用創意給人們帶來前所未有的震撼，還能在社會中形成話題效應，為廣告主帶來巨大的銷售。要做到這一點很不容易，1995年卡文．克萊（Calvin Klein）的廣告也產生了這種轟動效應：不僅各種大眾媒體上都對它議論紛紛，各行各業以及各種消費者團體也在談論它，甚至連聯邦調查局（FBI）也介入了對廣告主的調查。事件的起因則是卡文．克萊公司的牛仔服系列廣告。

CK是品牌創始人卡文．克萊1968年創辦的，主要經營高級時裝、高級成衣和牛仔三大品牌，同時還是以年輕人為消費對象的時髦牛仔服的宣導者。20世紀70年代後期，CK推出全新的牛仔裝系列，旨在向人們提供經過精心設計的、能夠支付得起的牛仔服。CK聘請年輕的模特兒布魯克．雪德絲（Brook Shields）代言，這位漂亮寶貝在電視廣告上說出卡文．克萊那句最有名的廣告語：「我和我的卡文之間什麼都沒有！」極具挑逗性的話語把性感與CK牛仔褲聯繫起來，賦予牛仔褲新的定義，將這種從不登大雅之堂的粗紋布變成了性感的符號。該廣告極大地刺激了牛仔服的銷售量。1981年，卡文．克萊公司繼續自己的性感路線，聘請年輕美貌的明星如布魯克·雪德絲、凱特·摩絲（Kate Moss）等拍攝廣告。

在廣告中，這些線條迷人的女影星們都身穿卡文·克萊的貼身牛仔褲，並極富挑逗性地對消費者說：「你知道我和我的卡文·克萊之間有什麼嗎？什麼都沒有！」廣告迷住了成千上萬的年輕人，產生了難以抵禦的誘惑力。CK牛仔服也逐漸流行開來，在此之前牛仔服從未受到過如此禮遇。年輕人喜歡這種充滿野性和風情的服裝，甚至連一些大明星都願意嘗試。在CK的大膽帶動下，許多其他國際一線品牌也都相繼推出它們的牛仔系列。CK的廣告成為標誌性事件。

其實，卡文·克萊的廣告一貫都帶有一些性的色彩，這些特點幾乎成為品牌的一部分了。每次刊登這些廣告都會引起爭議。到1995年，新的廣告描繪了一群青年男女參加廣告模特兒或電影角色選拔的場面，廣告中的演員看上去只有十幾歲，他們擺出各種帶暗示性的脫衣服的姿勢，畫外音是一位年長男人提問的聲音，問題都具有挑逗性。雖然沒有裸體鏡頭，但有些鏡頭卻露出了模特兒的內褲。廣告的風格與佈景令人想起20世紀70年代那些地下室放映的低劣色情電影。

這組廣告令人們感到有些過分，招來各方面的投訴：許多教會和家庭團體揚言要把經銷卡文・克萊產品的百貨店包圍起來；還有一名紐約市議員呼籲大家抵制所有產品；一些媒介主管因為是否接受廣告爭論不休；業界專家對廣告提出了尖銳的批評；卡文・克萊自己的零售商則請求公司撤回這組廣告。

廣告批評家鮑勃・加菲爾德（Bob Garfield）曾撰文指出，卡文・克萊在過去的15年中就經常跨越莊重、體面的界限，但這次，他完全為社會所不容了：「他已經越過了常理，越過了製造興奮所必須的手段，越過了我們的道德意識認定的文明界限。」但也有人捍衛卡文・克萊的權利。

例如《學院山獨立報》（College Hill Independent）的瑪亞・施托維（Maya Stowe）指出，許多廣告都含有性意味，與之相比，卡文・克萊的廣告要誠實得多。她說：「人們並不會因為希望自己看起來像廣告中的模特兒而去購買牛仔服，他們會因為廣告充滿活力、獨特或帥氣而去購買。」「他的廣告既率直，又具有諷刺意味，它們一邊給人們的審美下定義，一邊又對我們生活中媒介的作用提出了疑問。」「畢竟，」她說，「如果你是卡文・克萊，你也可以時不地讓人不舒服一下」。

不可否認的是，卡文・克萊不僅是時裝界深具遠見的人，也是行銷界的天才。他用備受爭議的廣告引起了人們廣泛的關注，因為廣告中總是出現裸體、炫耀的性感展示，使用過於年輕的甚至未到青春期的模特兒等。

但是，這些因素最終並沒有傷及他成功的銷售，卡文·克萊已經成為時裝界最負盛名的品牌之一。

佛洛伊德認為，性對於人的思想和行為有著重要作用，基於這一點，廣告中運用性感策略成為越來越受關注的話題。由於傳統觀念的影響，人們往往把性和色情、性和敗壞的道德聯繫起來，對廣告中使用性訴求或性感手法持反對態度。然而，性做為人類永恆的主題，被恰當合理地運用到廣告中是合情合理的，而且很多時候會產生不錯的效果。

1982年美國大衛·里斯曼提出了性感廣告的四大分類：功能性性感廣告、想像性性感廣告、象徵意義的性感廣告、性感暗示廣告。這四類廣告各具特色，適用於不同產品。比如，功能性性感廣告通常用於男女個人用品，如內衣、內褲、刮鬍刀、領帶、長筒襪等；象徵意義的性感廣告多用於化妝品、珠寶等。

**我堅信一流的感情才能組成一流的廣告。所以，我們每次都刻意在廣告作品中注入強烈的感情，讓消費者看後忘不了、丟不開。**

──羅賓斯基，美國

# 最易開啟的罐頭——最省力原則

**所謂簡潔，指的是廣告創意必須簡單明瞭、純真質樸、切中主題，才能使人過目不忘，印象深刻。如果刻意追求創意表現的情節化，面面俱到，必然使廣告資訊模糊不清。**

美國罐頭食品業為了打開銷路，打算請廣告公司為其錄製一部30秒鐘的電視廣告片，為此，多家廣告公司前去甄選，希望獲得這部廣告片的創作權利。

各家廣告公司各顯身手，創意策劃了不同的廣告片，並且一一呈報上去。結果，在這些廣告片中，有一部特別引人注目，這個廣告的內容是一個女機器人坐在一個富有未來主義色彩的躺椅上慢慢旋轉，忽然手指一動，在空中轉動的罐頭就被打開了，擺在3000年飛向木星的一艘太空船的餐桌上。

整個過程畫面新奇獨特，科技意味濃厚，情節有趣而富有啟發性，不僅孩子看得津津有味，就是成人看了，也被其巧妙的構思深深吸引。

這個廣告是三藩市的凱徹姆廣告公司設計的，憑藉此，他擊敗了六、七家知名廣告公司，成功入選，成為美國罐頭食品業的代理廣告商。

廣告史上還有一個著名案例，也同樣體現出廣告中簡潔省力原則。1960年，一個雷諾汽車的地方經銷商打電話向廣告大師喬治・路易士求救，要他幫助出清幾部汽車，以便讓1961年的新車型上市銷售。

經銷商說：「我需要一個絕佳的銷售創意——你知道人們喜歡打折貨，我打算降價300美元，但必須使它更誘人些。」

喬治·路易士說：「我可以為你做一個『受損雷諾車減價拍賣』的廣告。」很快，他買了六卷膠布，在每輛雷諾汽車上至少貼了三道，並貼出一則小廣告，廣告中說：「這些雷諾車上有些從顯微鏡裡才能看到的刮痕，如今被膠布蓋住了，如果您能從膠布下面發現刮痕，每發現一處將降價100美元把這輛車賣給您。」

廣告在星期五刊登出來。到了週末，雷諾的展示中心擠滿了人，他們在每塊膠布下偷看，想檢查出幾乎看不見的「刮痕」，他們知道這每一道膠布可以讓他們少付100美元，如此一來足足因為這些他們看不到的刮痕而省下多達300美元。

於是，人們開始搶購雷諾汽車，經銷商不得不擔心其他經銷商可能也在雷諾汽車上貼膠布。週末晚上，所有1960年款的雷諾汽車都被搶購一空。整個廣告活動的費用不過六卷膠布和一則四寸寬的小廣告。

凱徹姆廣告公司能夠入選，在於他們的廣告設計抓住了一個特點，那就是廣告插圖透過「閱讀最省力原則」來吸引讀者的注意力。

由他們創意設計的廣告片簡潔明瞭，看一眼比不看它也費不了多大的精力，卻能夠一下子記住其中的主題內容，因此一舉獲勝。

這就是廣告創意中的簡潔原則。所謂簡潔，指的是廣告創意必須簡單明瞭、純真質樸、切中主題，才能使人過目不忘，印象深刻。如果刻意追求創意表現的情節化，面面俱到，必然使廣告資訊模糊不清。可以說，最簡單的創意往往是最能打動消費者的創意。

**80年代的我們，漸漸知道，我們一生下來就註定是一個『消費者』，我們被『消費』界定、形塑、區隔、分眾、隱喻、書寫。從『烏鴉族』到『海豚世代』，從『香奈爾族』到『玫瑰世代』，一個鱷魚皮手提包決定了我的文化流派，一瓶氣泡礦泉水決定了我的階段性自覺，一包口香糖決定了我是一個司迪麥小孩。**

──許舜英：《從「烏鴉族」到「新挪威森林世代」──半小時讀完80年代》

# 神童與啤酒——媒體戰略

**媒體戰略要從媒體組合、目標市場覆蓋面、地理覆蓋面、時間安排、到達率和接觸頻率、創意和情緒、彈性、預算幾方面去考慮。**

在布魯塞爾，小便神童的故事家喻戶曉，這個故事講述的是：17世紀末，法國企圖把布魯塞爾納入自己的統治之下。他們出動大批軍隊，向布魯塞爾瘋狂進攻，但是，每次都被英勇的布魯塞爾人民擊退。

經過幾次較量，法國損失慘重，他們惱羞成怒，孤注一擲，決定炸毀布魯塞爾的城牆。此時，布魯塞爾市民和將士們沉浸在勝利的喜悅中，絲毫沒有注意到法軍的惡毒計畫。他們放鬆了警覺，晚上一個個呼呼大睡。法軍趁機潛到城下，安放炸藥，點燃導火線。

就在這千鈞一髮之際，一個家住城牆邊的小男孩突然從屋裡跑出來，原來他想尿尿。等他扯開褲子正準備撒尿時，猛然看見牆腳下有一條亮閃閃的火光，還吱吱地響著，順著火光看過去，竟是一大堆炸藥。

小男孩急中生智，急忙把尿撒在導火線上澆滅了火焰，隨後，趕緊跑回去喊醒大人們。大人們一聽，一個個從床上跳起，拿刀抓槍投入到戰鬥中。在他們奮勇拼搏下，法軍徹底失敗了，布魯塞爾得救了。人們不忘小男孩，一致要求市長授予他獎章，並為他塑像，以紀念他的救城之舉。

就這樣，在布魯塞爾中心廣場上，一個赤身裸體、正在撒尿的小男孩的塑像落成了，它成為布魯塞爾的象徵，小男孩成為布魯塞爾人們心目中的英雄。

事過多年，布魯塞爾啤酒廠在進行一次廣告策劃時，想到了小男孩塑像，他們大膽地推出了一個計畫，這個計畫就是從某日某時起，聞名於世的小男孩塑像將要「尿」出他們的啤酒，請大家到時前往免費品嚐。廣告一打出，立即引起轟動，整個布魯塞爾沸騰了，人們奔走議論，興高采烈地前往中心廣場，去品嚐神童「尿」出的啤酒。

結果，神童塑像前排起長長的隊伍，人們帶著杯子，欣喜地看著神童塑像排泄出的啤酒，一個個笑顏逐開，喜氣洋洋。

啤酒廠將這個活動延續七天，七天內，他們每天灌入400公升啤酒，代替塑像以前噴出的自來水。經此一舉，啤酒廠名聲大振，獲得與神童齊名的地位。

這是一次不可思議的廣告活動，它的廣告活動吸引市民的並不是免費的啤酒，而是神童。在這裡，神童成為一種特殊的媒體發揮了至關重要的作用。那麼，在創意策劃中，媒體戰略要從哪些方面去考慮呢？

媒體戰略要從媒體組合、目標市場覆蓋面、地理覆蓋面、時間安排、到達率和接觸頻率、創意和情緒、彈性、預算幾方面去考慮。上面故事中的廣告在目標市場覆蓋面和時間安排方面就考慮得非常準確到位。

目標市場覆蓋面指的是廣告在某種媒體發佈，這種媒體可能影響到的目標受眾人數。通常，廣告策劃都要選擇那種覆蓋面廣，目標受眾人群多的媒體。

時間安排，指的是合理安排廣告時間，使之達到最佳宣傳效果。通常來說，廣告時間安排有連續式、間歇式和脈動式三種方法。連續式就是在一種媒體連續刊登廣告；間歇式則是間斷性刊登；脈動式就是前兩種方法的結合。

**對於人類的適當研究主要針對男人，但是對於市場的適當研究主要針對女人。**

——美國一家廣告公司如此認為（出自《肥皂劇、性、香菸——美國廣告200年經典範例》）

# 廁所廣告——新媒體

**由於每一媒體都有其獨特的優勢，因此，透過媒體組合，行銷人員能在提高到達總體溝通和行銷目標可能性的同時，增大了覆蓋面、到達率和接觸頻率水準。**

理查是美國史迪威廣告公司的創始人，有一天，他在上廁所時無意發現廁所四周的牆壁上空空如也，職業習慣促使他產生了一種惋惜的感覺。要知道，對於廣告來說，利用好每一寸空間都可以產生很好的作用。他想：廁所是人們不得不光顧的地方，要是在這裡出現任何廣告，肯定都會引起人們關注。

於是，他開始遊說客戶，鼓勵他們把廣告貼到廁所裡去。他強調廁所對於人們的必不可少性，還有費用低廉的特點。這時，恰好有一家航空公司的負責人得到訊息，他同意將廣告張貼到廁所裡。理查非常高興，立即聯繫合適的廁所。他找來找去，覺得在超市廁所張貼廣告更合適，就和一家超市的負責人洽談。超市負責人沒想到廁所還能為自己帶來財富，真是大喜過望，立刻和他簽訂了合約。

聯繫就緒，理查親自設計了一幅優雅、整齊的廣告。在這些廣告貼到廁所內後，果真吸引了不少人，很多客戶還主動上門，讓理查為他們辦理廁所廣告。

理查開發利用了一種新媒體，這是他對廣告業的一大貢獻。那麼，媒體戰略中，新媒體會發揮哪些方面的長處呢？

1、豐富媒體組合。做為不同的媒體，各有各的優勢。因此，採用媒體組合這種方式，就可以擴大宣傳影響，增強宣傳效果，爭取到更多消費者。所以，新媒體的開發和利用，是廣告業一項重要工作，可以豐富媒體組合。

2、擴大接觸人群。新媒體具有與老媒體不同之處，可以從新途徑、以新方式接觸目標人群，進而擴大消費者群體。

3、提供更多選擇，節約預算開支。在廣告媒體戰略中，廣告主們必須考慮的重要問題還有成本估算。人們無不希望透過最低成本運作將廣告資訊最大限度傳播出去。然而，不同媒體之間存在著非常大的成本差距，有些媒體價格低廉，有些媒體價格昂貴。怎麼樣選擇合適的媒體？廣告主們一致認為，只有提供較多媒體，才能有所比較，有所選擇，並最終做出決定，節約不必要的媒體開支。

**博報堂：日本最古老的第二大廣告公司，由Itironao Seki於1895年10月創立，開始以代理教學雜誌廣告為主。博報堂的圖書廣告業務在1928年達到高峰，營業收入高居業界之冠，每月營業額達60萬至80萬日元。1960年，博報堂進軍國際市場，首先引進美式業務專員（AE）制度，接著設立紐約分公司，並與靈獅（Lintas）建立了合作關係。**

# 1000萬個雞蛋上的廣告——媒體選擇

**有效的媒體戰略需要一定的彈性。由於行銷環境是迅速變化的，所以，戰略也要相對變動。如果所制訂的計畫缺乏靈活變動的餘地，就可能錯過良好的機會或者公司可能無力迎接新的挑戰。**

這是一個充滿硝煙的廣告大戰故事，故事的主角是兩家國際上鼎鼎大名的公司——美國柯達公司和日本富士公司。

事情追溯到19世紀80年代，當時，柯達公司剛剛成立，創建人是一位普通的銀行職員，創業之後，經過一百多年幾代人的苦心經營，發展成為世界上最大的攝影器材生產公司，佔據著無人能敵的地位。

就在柯達一步步走向巔峰的過程中，日本一家公司也在快速發展著，這家公司就是富士公司，他們創建時間只有幾十年，但是發展迅速，直追柯達公司，並成為僅次於柯達公司的世界第二大攝影器材公司。從此，兩家公司之間為了爭奪市場，持續不斷的廣告大戰就變得更加激烈了。

1984年，美國洛杉磯舉辦奧運會，日本富士公司抓住時機，與柯達展開一搏，這次競爭的核心問題就是爭奪奧運會指定產品的專用權。柯達公司也許過於自信，他們竟然失去了在自家門口的大好機會，讓富士以700萬美元的價格奪取了專用權。

這下子，富士完全可以擺脫束縛，在美國大展身手了，他們公開表示，要讓各國的運動員和觀眾時時處處都能見到「富士」品牌標誌。果然，他們傾盡全力展開了強大的奧運攻勢。奧運期間，美國各地「富士」的品牌標誌鋪天蓋地，各奧運服務中心裡，日沖洗1300筒底片的設備每日不間斷地運作，在大會期間共沖洗底片20萬卷。

柯達公司眼睜睜看著富士公司在自家後院成功施展拳腳，卻無力還擊，因此他們痛心地認為：這是一次刻骨銘心的失敗。而富士公司憑藉這一戰，一舉進入了原來固若金湯的美國市場，給柯達公司帶來極大衝擊，聲望一下子越過了柯達，獲得了行業內從來沒有過的高地位。

面對慘敗，柯達公司痛心疾首，發誓要報這一箭之仇。於是，他們制訂了針對富士的廣告宣傳戰略，並悄悄地實施著。不久，柯達公司與以色列耶路撒冷的一家禽蛋公司簽訂了一份合約，雙方約定用1000萬個隻雞蛋做廣告。這可是從來沒有過的事情，人們都很奇怪，如何在雞蛋上做廣告？

原來，這是柯達公司的一記奇招，長期以來，他們在南美的市場總是打不開，敵不過日本的「富士」。但是，他們發現以色列的雞蛋在南美洲各國十分暢銷，因此，他們決定利用這個契機，與以色列出口雞蛋的公司約定，在其出口到南美洲的雞蛋上印「柯達」彩色底片的品牌，然後運到南美各國銷售。要知道，幾乎人人都喜歡吃雞蛋，在吃雞蛋前必然會看見蛋殼上所印刷的廣告，或起碼在買雞蛋時看見它，這樣，廣告自然會被人記住了。當然，柯達公司要為此付費，價格是給這家公司500萬美元。這家公司一聽，自然樂不可支，因為這就等於他們平時每個雞蛋只售0.1美元，現在可賣0.5美元，升值5倍。柯達公司此舉也是十分合算，因為他們以500萬美元的廣告宣傳，成功打入了南美市場，衝擊了富士。

其實，在廣告實戰中，如何選擇有效的媒體戰略，具有一定的彈性，可以從下面幾方面加以考慮。

1、根據市場選擇媒體。比如新媒體的開發，就是一種機會。

2、根據競爭者變動媒體戰略。為了獲取優勢，競爭者往往會變更媒體戰略，這時，必須做出積極應對措施，廣告才有可能成功。

3、根據實際情況選擇媒體。有時候某種媒體是無法運用的，或者無法體現廣告的目的；還有些時候，媒體的改變也要求媒體選擇必須進行一定改變，比如，電視的普及，為廣告開闢了很多新機會。

**約翰·卡普萊斯（John Caples）：廣告文案創作的奇才，一生從事廣告業將近60年，在以科學的方法測度廣告成效。他的廣告測試的方法奠定了廣告量化學派的理論，幾乎是現在網路廣告中跟蹤研究客戶理念的鼻祖。**

# 反規則遊戲——市場區隔

**消費者在年齡、性別、教育程度、經濟收入等的差異，以及他們對於媒體接觸、認知、需要與動機等心理活動的差異，都會影響到廣告效果。**

眾所周知，媽媽們一貫反對孩子沉迷遊戲而不知讀書，因此總是對各大遊戲公司報以怨恨、反對的態度。可是最近，日本遊戲公司任天堂的遊戲機Wii登陸美國時，卻一反常態，將橄欖枝伸向了那些長久以來的宿敵——媽媽們。

然而，媽媽們會不會接受任天堂的「好意」呢？任天堂可不是等閒之輩，他們料到了可能出現的問題，因此提前策劃設計了一段精彩的廣告宣傳活動。

2006年，美國上演了一部喜劇，劇名就叫《超媽》，迴響相當熱烈。當時，超媽已經成為受過優秀教育、擁有日理萬機的本事、熱衷科技產品並經常上網分享經驗的母親的代名詞。於是，任天堂在美國貼出尋找超媽的廣告。

很快，不少超媽們彙集到任天堂門下，並且每人發動了35位家庭主婦，在任天堂公司安排下，前往好萊塢最負盛名的夏特蒙特酒店（Chateau Marmont Hotel），進行第一手的Wii遊戲體驗。

接著，任天堂在美國各大城市——波士頓、芝加哥、丹佛、邁阿密、三藩市、堪薩斯、德克薩斯陸續推出此類活動。超媽們在體驗中認識了產品，一致認為這款產品不僅僅是個人娛樂，還適合家庭娛樂，因此非常贊同。

她們說：「我們平時沒有太多娛樂，一直努力想製造和諧家庭氛圍，現在，這款遊戲可以滿足我們的需求了，它既可維繫家庭的關係，又給自己增加美好的心情。」有些超媽還說：「不僅如此，遊戲還可以成為鄰里之間交流的話題，或者幾個媽媽們一起玩，也加強了彼此的關係呢！」

有了超媽們的支持，任天堂的Wii遊戲自然贏得了良好口碑，一時間，美國各地的家長會上、足球看臺上、街坊鄰居之間，只要有媽媽在場的地方，總會聽到關於Wii遊戲的事情。

這樣一來，不僅口碑傳播出去了，而且還很容易地爭取到了握有購買權的媽媽們的認同。她們不再抵制反對遊戲，而是十分高興、積極地購買Wii遊戲，並參與其中，形成一股新的遊戲熱潮。

結果，任天堂依靠這種辦法大獲成功，取得了當年度遊戲產品銷售佳績。他們的廣告故事也引起各大廣告公司關注，成為一個典型案例。

任天堂為了突破消費者的心理防禦，在瞭解目標消費群體的基礎上，針對性地進行廣告宣傳，這是他們獲得成功的關鍵。在實際廣告傳播中，消費者的構成是非常複雜的，消費者的年齡、性別、教育程度、經濟收入等的差異，以及他們對於媒體接觸、認知、需要與動機等心理活動的差異，都會影響到廣告效果。如何對他們進行科學分析，並做出準確的廣告策略，是一件非常重要的事情。

一般情況下，按人口統計學特徵進行市場區隔是常用的方法。進行市場區隔時，應該從消費者的生活方式和心理特徵、購買行為的理性參與程度、品牌的選擇策略、購買商品的原因和使用商品的原因、經常性的資訊來源等等多方面綜合參考。只有真正瞭解消費者，才能做出優秀的廣告，才能達到預期的說服目的。

**之所以有那麼多人在批評指責廣告，就因為它『什麼都不是』。廣告不是新聞、不是教育、不是娛樂──儘管它常常扮演上述三種角色。**

──福康貝爾丁公司（FCB）總裁及美國廣告公司協會主席約翰·奧圖爾（John OToole）

# 上帝和彼得——廣告策劃

**廣告策劃就是根據廣告主的行銷策略，按照一定的程序對廣告活動的總體戰略進行前瞻性規劃的活動。**

香港有一家保險公司，準備進行一次廣告宣傳活動，如何使得廣告能夠吸引人呢？他們請廣告公司設計了一份宣傳廣告。廣告宣傳冊上，講述了一個寓言故事，內容為：彼得夢見與上帝一起散步，路上印出了兩雙腳印，一雙是他的，一雙是上帝的。但當走過一段路後，呈現在他後面的路面上的腳印卻只剩下一雙，而這正是他一生中最消沉、最悲哀的歲月。

彼得問上帝：「主啊！祢答應過我，只要我跟隨祢，祢會永遠扶持我，可是在我最艱苦的時候，祢為什麼卻棄我而去？」

上帝答道：「孩子，我並沒有離你而去，當時你發生了困難，我把你抱在懷中，所以，只有一雙腳印。」

這時，故事急轉直下，結尾的最後一句話，道出了保險公司的廣告主題：

「當你走向坎坷的人生之路時，本公司願陪伴著你。當你遇到不測之時，本公司願助你度過難關。」這個寓言廣告的策劃是相當有創新性的，下面，讓我們看一看什麼是廣告策劃，它具有哪些特點。

首先，廣告策劃是一個內涵豐富的概念，有廣義和狹義之分。廣義的廣告策劃指的是從廣告角度對企業市場行銷管理進行系統整合和策劃的全過程。狹義的廣告策劃則是把廣告策劃看成是整個廣告活動中的一個環節。 廣告策劃不同於一般計畫，具有自己獨特的特點：

1、廣告策劃是一項戰略性活動。廣告策劃是對企業市場進行系統整合和策劃的過程，因此，策劃者必須站得高，看得遠，從戰略角度出發，才能進行科學有效的策劃。

2、廣告策劃是一項全局性活動。廣告策劃對廣告計畫、廣告執行具有統領指導作用，因此廣告策劃者必須盡量全面地考慮到一切因素，除了常規預見到的問題外，還要考慮到突發問題。

3、廣告策劃具有策略性。簡單地說，廣告策劃就是決定「做什麼，如何做」的問題，是一種戰略計畫，體現著策略性。

4、廣告策劃具有創新性。創新是保證廣告吸引消費者的關鍵之一，在廣告策劃中，必須從廣告定位、廣告語言、廣告表現、廣告媒體等各個方面進行創造性思維，找出與人不同之處，才能保證策劃成功。

**品牌核心價值是可以相容多個具體產品的價值主張。廣告訴求可以是心理層面的也可以是物理層面的東西。而品牌核心價值必須是徹底的精神和文化層面的。廣告訴求可以隨著時間的改變而改變，而核心價值則是一個恆久不變的因素。它是品牌的靈魂，它決定了品牌的內容並滲透到品牌的每一個方面。**

——廣告策劃人葉茂中：《創意就是權力》

# 本月最佳水果——廣告策劃內容

**廣告策劃是對整個廣告活動進行全面的策劃，其內容千頭萬緒，主要包括市場分析、廣告目標、廣告定位、廣告創意表現、廣告媒介、廣告預算、廣告實施計畫以及廣告效果評估與監控等內容的策劃。**

美國人詹姆·路易士是個年輕人，他每天的工作就是推著車在芝加哥住宅區叫賣水果，儘管他十分努力，但只能勉強賺夠一家七口的生活所需。有一天，他出去採購貨物，路過一家書店時，偶然看見一個大看板，上面用鮮明的顏色寫著：「每月新書，今天發售。」牌子上面還貼著這本新書的封面和封底。

詹姆·路易士被這個看板吸引住了，他好奇地走進去，看到不少人都在翻閱這本書，有好多人只是隨便翻翻，便把那本書買下來，他忍不住問那個售書的姑娘：「這本新書今天銷出了多少？」姑娘回答：「大約180本。」他很吃驚，這可不是個小數目，180本能夠盈利不少呢！看著他困惑的表情，姑娘繼續說：「顧客大都愛好新奇，所以新出版的書往往是暢銷的，除非那本書的內容實在差勁。」

這件事給詹姆留下了深刻印象，他琢磨著：看來物品必須新奇才會暢銷。要是我也有辦法滿足顧客的好奇心理，不是也能銷出去更多水果嗎？在這種想法左右下，他每次去水果公司採購時，總要關注一下有沒有新奇的水果供應。這天，他突

然發現在儲存庫的角落裡放著20多箱澳洲青蘋果。因為美國人平日很少買青蘋果吃，所以它們就坐在「冷板凳」上了。

詹姆靈機一動，以低廉的價錢把那20多箱青蘋果全買了，準備冒一次險。回到家裡，他把那些青蘋果刷得非常光亮，然後用白色軟紙仔細包好，在車子上堆得很美觀，再用鮮明的顏色寫了幾個很大的看板：「竭誠推薦本月最佳水果，澳洲青蘋果！」

又在旁邊用紅筆加上兩行「皮薄肉脆，水分特多」的宣傳詞句。

說也奇怪，他的宣傳果然奏效，很快便賣了好幾箱，不到半天，居然把20多箱青蘋果全部賣完，還需要補貨。在那個月內，他用這個辦法賣出了2600箱青蘋果，售價竟然比其他蘋果貴許多。

得利於此道，之後詹姆的生意越做越興隆，成為了美國18家水果公司的所有者。詹姆的策劃雖然簡單，卻非常的有效。實際上，廣告策劃是一個複雜而精細的過程。

廣告策劃是對整個廣告活動進行全面的策劃，其內容千頭萬緒，主要包括市場分析、廣告目標、廣告定位、廣告創意表現、廣告媒介、廣告預算、廣告實施計畫以及廣告效果評估與監控等內容的策劃。這些內容彼此密切相關，相互影響又相互制約。

市場分析是廣告策劃和創意的基礎，經過科學的分析，確定廣告目標，明確廣告要達到的目的，進而進行廣告定位。準確的定位有利於消費者接受廣告資訊，也可以幫助廣告策劃者進行下一步的創意活動，找出最佳創意表現。

廣告表現直接關係到廣告作品的優劣，是整個策劃過程的關鍵所在。同時，廣告表現也是由決策進入實施的階段，即廣告的設計製作。設計製作分為媒介選擇和規劃、廣告預算、廣告實施計畫幾個步驟。製作完畢，廣告推出後，還要進行效果評估與監控。

**一位傑出的廣告人必須懂得心理學。對此懂得越多越好。他必須瞭解某種特定效果會導致某種特定反應，並運用這一知識來改善結果及避免錯誤。今天的人性與凱撒時代的人性是一樣的。所以，心理學的規律同樣適用。**

——著名廣告人克勞德·霍普金斯（Claude Hopkins），1926年

# 小凱撒的《訓練營地》──廣告策劃原則

**廣告策劃應該遵循目的性、整體性、效益性、集中性、操作性等原則。**

小凱撒是一家比薩飯店，創建於1959年5月，經過12年的發展，到1971年時，已經擁有了100家連鎖店。1974年，它為了展開買一送一的銷售概念，陸續推出一連串廣告宣傳活動。1979年，「比薩！比薩！」的廣告口號首次使用，並很快叫響。1995年，小凱撒連鎖店在全國範圍內引進送貨上門服務。

從開店之日，小凱撒就設計了一個標誌性人物形象──小凱撒，這個形象幾經變革，在廣告宣傳中發揮著重要地位。他穿著寬大的參議員外袍，腳踏便鞋，頭戴傳統的羅馬政治家的月桂樹枝花環，手持長矛，矛尖上插著一個比薩，特別醒目。隨著廣告宣傳不斷深入，這個形象也漸入人心。

1995年，小凱撒引進送貨上門服務項目之際，花費了1000萬美元的高價進行廣告宣傳。這次宣傳非同小可，他們委託了克里夫·福利曼與夥伴公司代理，廣告公司根據業務內容攝製了一組著名的廣告，名字叫《訓練營地》。

《訓練營地》講述了小凱撒培養訓練服務人員的過程，對新的送貨服務項目推崇備至。訓練從如何進入顧客的家開始，在教員嚴厲指導下，一部分服務生練習敲門方法，包括按門鈴、扣門環和用手敲門。隨著教員不停地發出指令：「門鈴，門環，手敲；門鈴，門環，手敲……」服務生快速地不停變換著敲門方法。一部分在教員的指導下練習進門姿勢，他們跟著教員的喊話，邁上臺階，邁下臺階，邁上臺階，邁下臺階，周而復始，一刻不停。還有部分人在練習發音，努力學著標準的口音說：「比薩！比薩！」這時，戲劇性的一幕出現了，有位胖服務生儘管努力著，卻總是發音不準，教員走過去，伸出手來捏住胖子的臉頰幫他發音。

當然，這只是訓練的一部分內容，接下來他們還要接受其他嚴格的訓練，比如練習如何托著比薩用腳將車門關上；在模擬的門前臺階上練習端比薩的上舉動作；過草坪時，為了不讓比薩被噴水器弄濕而將盒子高高舉過頭頂等等。

當服務生們的訓練基本達標時，教員們並不滿意，而是加大了訓練難度，有時候用機器狗追逐他們，有時候要求他們在臺階上不停地跳動……總之，整個《訓練營地》都在告訴人們，小凱撒要訓練出最棒的服務生來為顧客送貨上門。

這組《訓練營地》成為克里夫·福利曼的代表作之一，也是長期代理小凱撒業務中最有名的作品。它贏得了諸多獎項，除了1996年戛納國際廣告節影視金獅獎外，還是美國《廣告週刊》的「最佳20個廣告運動」之一、美國艾迪獎的得主。

《小凱撒》的廣告策劃體現出科學有效的特色，同時，也為我們提出了一個新問題，那就是進行廣告策劃還應該遵守哪些原則？

1、目的性原則。廣告宣傳是有目的的活動，所以，進行廣告策劃時也要把目的性放在首位。這不但表現在廣告策劃必須按照確切目標進行，還體現在策劃工作要按照確切目標提出工作進度，細分任務。

2、整體性原則。廣告策劃是系統工程，每一個環節都是彼此關聯、互相影響的，一旦失去全局把握，就不能和諧有效地發揮作用。

3、有效性原則。根據廣告的目的性要求，廣告宣傳應該帶來一定效果，通常是利益效果，這就要求策劃工作考慮到投入費用，盡量減少浪費。

4、操作性原則。廣告策劃包含實施部分，為了有效實施，策劃必須符合市場環境，與現實條件不相違背，這樣才能保證廣告運動的有效展開。

**克里夫·福利曼：美國《廣告時代》廣告世紀「最佳100人」之一。他在亞特蘭大開始涉足廣告業，1970年加入紐約Dancer Fitzgerald Sample公司，創作了諸多經典的廣告作品。例如Motmds/Almond快樂糖果棒的廣告語「有時你想要一顆堅果……有時你不想」，溫蒂漢堡的廣告口號──「牛肉在哪裡？」1987年福利曼開設了自己的廣告公司，為小凱撒創意了系列以「比薩！比薩！」為口號的廣告作品。**

# Ketchum的努力——策劃程序

**廣告策劃是遵照一定的步驟和程序進行運作的系統工程。分為準備階段、調研階段、戰略規劃階段、策略思考階段、制訂文本階段和實施與總結階段六大部分。**

日本Honda公司決定推出日式豪華汽車時，為了確保產品銷售順利，除了設置完善的銷售網路外，還對廣告代理商進行精挑細選。他們希望選中的代理商能夠將公司的形象打造得最好。

16家廣告公司參與了競選，經過緊張的初賽，只有6家進入複試階段。複試以後，只剩下3家，代理權將由其中一家獲得。

這3家廣告公司中有一家叫做Ketchum，做為著名廣告公司，自然深知其中厲害。所以，他們為了獲得代理權，開始了一番精心準備工作，設計了三個廣告活動方案。可是，這些方案呈交上去以後，全部沒有被採用。這可真是巨大的打擊，公司上下十分沮喪。但是總裁很樂觀，他說：「為了製作廣告，你們不遺餘力前往日本做調研工作，這種精神十分可貴，不管能否取得代理權，我們都將購買20輛新車，做為對你們的獎勵。」

這番話傳到了Honda公司負責人耳中，他召集部下商討認為：Ketchum公司做事認真，態度積極，而且對新產品懷有極大興趣，憑著這一點，絕對可以將代理權交給他們。相信他們一定會設計製作出精彩的廣告，有力推動新產品銷售。

於是，本該淘汰的Ketchum公司獲得了代理權，他們不負所望，在更加深入細緻瞭解產品、分析市場的基礎上，接連設計製作了好幾個十分成功的廣告。

第一個大的商業廣告被稱為「瘋狂的德國人」。這則廣告畫面由一個著名的德國鐘塔、日爾曼音樂和汽車駛來的聲音組成。它表明日本汽車正在向歐洲高檔車下戰書。會議室內一個男人「砰」的一聲將他的咖啡杯放到杯托上，操著德國口音宣佈，這只是時間早晚的問題。

還有一個廣告令人難忘，這個廣告名為「玻璃牆」，內容是一輛日本豪華雙門跑車迅疾駛入，驟然停在一座用玻璃和大理石裝飾的辦公大樓前，強勁的動力將玻璃牆震碎，雖然飛落的碎片經過電影特技處理沒有濺到人行道上來，但它的威力震懾了所有人。

另外，Ketchum公司還為Honda公司的新產品設計了品牌標誌，提出「精湛工藝打造卓越性能」的廣告口號，極大地提高了新產品的地位和形象，為日式豪華車進軍歐洲成功地掀開了歷史的新一頁。

Ketchum廣告公司能夠從激烈的競爭中脫穎而出，在於他們認真負責的調研工作，那麼，調研工作在廣告策劃程序中處於什麼位置？廣告策劃的通常程序又是如何呢？

廣告策劃通常有以下六個階段：

1、成立廣告策劃專組的準備階段。

2、進行市場調查，搜集、整理相關資料的調查研究階段。

3、制訂廣告戰略目標和廣告戰略的戰略規劃階段。

4、根據產品、市場及廣告特徵提出合理的媒介組合策略、其他傳播策略等的策略思考階段。

5、編制策劃書，明確廣告運作的時間、空間、費用等所有內容的文本創作階段。

6、實施發佈廣告內容及評估階段。

雷蒙・羅必凱（Raymond Rubicam，1892年～1978年），揚・羅必凱廣告公司創始人之一，他是第一個將研究引入創意過程的人。羅必凱以「全才的廣告人」聞名遐邇，他提出應強調廣告的視覺效果，用高雅的幽默加強訴求。

# 牆上的金幣──廣告設計

**廣告設計是以加強銷售為目的所做的設計。也就是奠基在廣告學與設計上面，來替產品、品牌、活動等等做廣告。**

1983年，美國一家廠商生產了一種叫做「超級三號」的強黏膠液，他想將產品打入法國市場，便委託巴黎的奧布林維和馬瑟廣告公司的設計師們製作廣告。設計師們接到任務後，開始左思右想，尋找創意。

有一天，一位設計師突然有了靈感，說道：「想要突出黏膠液的黏度，可以利用驚險的場面。」

他的話提醒了其他人，大家議論紛紛，轉瞬間提了不少創意。最後，大家經過仔細研究篩選，確定了一個創意，並立即著手策劃設計。沒幾天，電視上出現了一個場面：有一個男人在鞋底上點了4滴「超級三號」，然後將此人倒黏在天花板上，足足倒立保持了10秒鐘，並有公證人當場監督鑑定。這個過程就是廣告的過程。透過這一廣告宣傳，「超級三號」黏膠液一舉成名，不到一週就銷出去了50萬支。當年總銷售量為600萬支。

無獨有偶，香港有一家經營黏膠劑的商店，有一次也推出一種新的「強力萬能膠水」。為了促銷，這個店主想了一個奇招。他請人打製了一枚價值不菲的金幣，並把這枚金幣用強力膠水黏在牆上。然後，他打出廣告，宣稱誰要是能拿下金幣，這塊金幣就歸誰。一時間觀者如雲，大家躍躍欲試，都想得到這塊金幣。可是，儘管很多「大力士」費盡九牛二虎之力，仍然無法拿下金幣。有一天，一位自詡「力拔千鈞」的氣功師專程來店一展身手，聞訊而至的顧客多的不得了，他們將小小店鋪層層包圍，就連當地記者也趕來了。

氣功師在眾目睽睽之下，運足力氣，雙手握住金幣，用力一拔，只見金幣四周牆皮脫落，而金幣「巋然不動」。氣功師只好悻悻而歸。經此一舉，強力萬能膠水名聲遠揚，銷售情況一路上漲。

上述兩個廣告體現了廣告策劃中設計的重要性。廣告設計指的是在確定了廣告目標之後，利用各種有效媒體，把廣告資訊傳達到目標受眾而進行的策劃和安排。包括平面設計、視訊設計多種形式。

廣告設計是廣告運作中重要的環節之一，為了達到促銷的良好效果，應該從媒體選擇、廣告預算各方面進行細緻計畫，明確廣告發佈媒體、日程、方式、所需費用，並確定科學的實施步驟，規定具體實施辦法，在事先計畫基礎上，結合設計學方法，將預定的廣告內容製作出來，並且推出實施。

**李奧・貝納是世界上最大的廣告集團之一，於1935年8月5日在芝加哥創立。至1971年6月7日，李奧・貝納病逝時，他的公司已發展成為美國第四大廣告公司，營業額僅次於智威湯遜、楊羅必凱和BBDO。李奧・貝納的創作風格接近美國中西部大自然，語言時而豪放、時而純樸，形成了名噪一時的「芝加哥派」廣告。其本人也被譽為美國60年代廣告創作革命的代表人物之一。**

# 海關的足球比賽——廣告主題

**在廣告中，主題同樣是指廣告所要表達的重點和中心思想，是廣告作品為了達到某項目標而要表述的基本觀念，是廣告表現的核心，也是廣告創意的主要題材。**

故事發生在邊境海關卡口。在一間破舊的屋子裡，老式的風扇單調而乏味地吹送著熱風，老警長拍著手中的足球若有所思。沉默良久，他把手中的球傳給了面前穿著連身裙的女兒。她會意地接過球。老警長胸有成竹地笑了。

此時，在塵土飛揚的室外，一輛破車正朝卡口開來。老警長衝出屋子，放下橫杆，示意停車檢查。四個員警從四面圍住了轎車，車內的男子開始緊張起來，急忙掏出護照遞給倚在車窗邊的警長。但警長並未查看護照，他盯了男子一眼，忽然直起身來，背後站著他的女兒。這是個年輕的女孩，她背著肩袋，穿著薄薄的連身裙，奇怪的是她的腹部高高隆起，似乎隱藏著不可告人的目的。

警長什麼話都沒說，只是示意女兒上車。車內的男子一臉茫然，他不知道警長要做什麼。不過，他可以通過了，於是，他快速踩閘，箭一般衝過去。

前面是另一道海關。員警們如臨大敵，從塔樓衝下來攔住車檢查。這些員警比剛才的要嚴格許多，他們翻遍了車內的行李，可是一無所獲。

這邊，老警長正在用望遠鏡觀察著，當他看到對面員警什麼也沒發現時，忍不住哈哈大笑。此時，男子的車已被翻了好幾遍，可是員警們始終沒有發現什麼，看來只能放行了。

就在男子的車重新啟動的剎那，只見那位老警長放下望遠鏡，撥通對面卡口的電話，興奮地狂叫：「射門！」

對面員警大吃一驚，趕緊前去阻攔剛剛放行的汽車。可是一切都晚了，老警長的女兒走下車子，掀起裙子，一個足球咕嚕滾到地下。於是，老警長一邊發出驚天動地的歡呼聲。

這個故事是杜撰出來的，而且是由法國電信在1998年法國世界盃時杜撰出來的廣告故事，名字就叫《海關》。這個故事透過電視廣為傳播，當然，在故事結束時，畫面上會出現1998年法國世界足球錦標賽的標誌、法國電信的標誌以及廣告語：足球讓人們溝通。

透過這個廣告故事，法國電信在世界盃期間的廣告宣傳大告成功，超出了其他很多廠商的廣告。首先，他們善於藉助時勢環境宣揚自己，這個時勢當然就是即將舉辦的世界盃；其次，他們透過有創意的廣告，讓自己與時勢結合，成為大眾關心的話題，提升企業形象。而且，他們的故事情節富有浪漫色彩，地點選在國與國之間的交界處——海關，突出了人際溝通的主題，也就是突出電訊的特色，因此一舉兩得，意義深遠。

法國電信的廣告抓住主題，透過幽默的故事情節，向人們展示了廣告的巨大魅力。所謂廣告主題，就是確定一個商品或一種服務究竟傳達給消費者什麼，即賣點。

廣告主題與一般文學作品主題不同，它的核心是市場，它是建立在市場調查和科學分析的基礎上的。廣告主題包括以下三方面內容：廣告目標、資訊個性、消費者心理。

廣告目標是廣告戰略的核心，在策劃時，一方面要明確廣告目標，同時要確保目標能夠實現，這是廣告主題的首要內容。

資訊個性就是廣告宣傳中產品或者企業與眾不同的特點，只有在全面瞭解產品、瞭解競爭情況、熟悉市場的基礎上，才能準確找到不同點。

在市場競爭激烈，產品極為豐富的今天，如何有效宣傳銷售，抓住消費者心理成為重要的課題。在策劃中，應該盡可能充分利用廣告調查及行銷分析的資訊材料，瞭解消費者的心理趨勢及人文特點，使廣告主題與消費者發生更大的共鳴。

**如果你自己都沒有自信，人們對你產品的信心就會動搖。例如，1984年蘋果公司的廣告創意就很容易讓人緊張不安。如果你對某物有種擔心，那些不怎麼熟悉它的人就更容易為之焦慮。大多數創意都有些嚇人，不嚇人的創意根本不是創意。**

——蘋果電腦1984年廣告的創意者李．克勞

# 《1984》──廣告主題選擇

**商品分析主要從商品原物料的優點或特點、商品獨特的製造過程、商品獨有的使用價值、價格等幾方面著手，尋找出與同類商品或替代品之間的差異，為消費者確定一個購買理由。**

1984年1月24日，蘋果電腦公司的股東會集一堂，氣氛十分熱烈。董事長傑伯對著在場的2500名股東鄭重宣佈，1月24日，將是代表個人電腦史上另一劃時代行動的開端。說完，他在眾人的歡呼聲中，打開一個手提箱大小的袋子，裡面露出了一種新型的個人電腦──「麥金塔」電腦。

「麥金塔」電腦問世後，百日之內，銷售量突破7萬5千台，成為轟動一時的大事件。那麼，蘋果公司這次大手筆運作，只是一次大型促銷活動的結果，還是隱藏著其他什麼樣的秘密呢？

說起來，「麥金塔」成功的背後還有一段鮮為人知的故事。1976年，蘋果二號上市，創造了一個全新的產品類別「個人電腦」。

1980年，蘋果二號已經擁有個人電腦80％的市場佔有率。但是，設計者拉斯金認為，這種電腦並非真正意義上的個人電腦，因此在董事長傑伯的支持下，與策劃大師麥金納合作，計畫設計「麥金塔」電腦。

此時，電腦業競爭非常激烈，各大公司相繼推出各種新型電腦。而蘋果公司的麗莎計畫恰遭失敗，面對內憂外患，如何讓不被看好的「麥金塔」力挽狂瀾呢？

夏狄（Chiat）廣告公司臨危受命，被委託負責「麥金塔」的廣告策劃。這是一個十分艱巨的任務，廣告公司投入巨大精力調查分析，討論研究，最終確定了廣告內容，他們借用英國小說家歐威爾（George Orwell）經典之作《一九八四》一書中的形象，設計了一則與其他公司都不同的獨特廣告片。這部片子的內容是：在一間昏暗陰森的房間裡，一群剃光頭的男子一排排坐在長凳上，空洞的目光瞪視著牆上一塊巨型的銀幕，銀幕上面有一個冷酷而面目猙獰的男人，他是《一九八四》這部小說中的主角，象徵獨裁的統治者。他正在說話，語音空洞而單調。

忽然，鏡頭一轉，一個穿著鮮紅色的運動短褲和蘋果運動衫的年輕女子，手中提著一把大錐，沿著一條陰暗的走廊奔跑著。後面有一群身穿制服的男人追趕她，他們代表「思想員警」（Thought Police）。

女子不顧一切奔進大房間，揮起手中的大錐，擲向銀幕；銀幕碎了，一陣狂風颳向那一群像是以魔法復活的死屍似的男人。

銀幕空白。一會兒接著出現的是大大的「蘋果」商標。

這時，旁白聲起，宣佈：「1月24號，蘋果公司即將推出『麥金塔』。你將會瞭解，為什麼1984不會像《1984》中描述的那樣。」

然而，當夏狄（Chiat）廣告公司將這則廣告片呈交上去時，卻遭到蘋果公司董事會一致反對，人們被嚇呆了，誰也沒見過這種故作神秘、賣弄意識形態的產品廣告。

更令人吃驚的是，在這個電子產品的廣告中竟然看不到產品的影子，這怎麼去推銷產品呢？於是，董事們毫不客氣地表示，這是「歷史上最糟糕的電視廣告」，他們要求夏狄賣掉之前買下的廣告時段，放棄廣告推出。

面對精心製作、投資50萬美元的廣告片要慘遭扼殺，夏狄廣告公司創意人員十分痛苦。這時，廣告時段轉賣情況也不順利。於是，夏狄廣告公司在蘋果公司毫不知情的情況下，按原始計畫推出了那段不被看好的「1984」。

正如夏狄廣告公司創意人員所堅信的一樣，這則廣告片播出後引起了極大的迴響，廣告業界每個人都在談論它，報紙也競相報導，電視新聞節目把這則廣告片當作新聞事件播出。

就這樣，這支首播於1984年1月22日「超級碗」大賽的電視廣告，成為「歷史上首個『事件行銷』案例」。也就是說，這個推廣活動本身的轟動效應所吸引的受關注程度已足以與產品本身相媲美。

蘋果公司憑藉「廣告事件」大獲其利，成為廣告史上一大奇蹟。這無疑凸顯了廣告策劃中主題選擇的意義。

隨著市場的發展和消費者的成熟，曾經的好話加美人就是一個好廣告的時期已經一去不復返了，為了激發消費者的購買欲望，許多嶄新的、科學的理論應運而生。美國廣告大師羅瑟・瑞夫斯提出的USP理論的提出，說明了廣告主題發生了變化。

隨後，各種理論又從不同角度確定廣告主題，以此做為廣告策劃的重要內容。像著名的定位理論、形象廣告理論，無不體現著廣告主題的變化和發展。

現在，各種理論為廣告策劃提供了豐富的理論基礎，策劃者通常都會結合市場、消費者、企業和產品的實際情況，進行綜合系統思考，制訂合理的廣告主題。

**馬丁・索里爾（Martinh Sorrell，1945年～）：1985年，馬丁個人投資一家英國公司——WPP。然後開始收購與廣告相關的公司。1987年，他以5億6600萬美元「接管了智威湯遜公司，在廣告界引起不小的震驚。1989年又惹人注目地以8億2500萬美元收購了奧美廣告公司。如今WPP已擁有85個國家超過40個廣告公司，成為世界上最大的行銷服務／廣告集團之一。**

# 消防熊——思維方式

**大體而言，進行廣告策劃，在思維上必須具備幾項規定：1、把事實做為基點；2、統觀全局系統思考；3、抓住關鍵突出主導。**

在美國，提起消防熊，幾乎無人不知，無人不曉。這隻憨態可掬、粗壯有力的傢伙，是美國人們心目中消防的象徵，意義非同小可。關於它的來歷，還有一段很有意思的故事。

1941年12月7日，日本飛機偷襲珍珠港，第二年春天，日本潛水艇又在南卡羅來納海岸浮現，並用炮彈炸毀了桑塔．巴巴拉（Santa Barbara）附近的一座油田，這個地方距離洛．帕迪斯（Los Padres）國家森林非常接近。兩起事件極大地震撼了美國人，他們唯恐戰火燒到美國本土，擔心未來的襲擊會造成生命的滅亡和財產的損壞，還擔心敵人的燃燒彈如果在太平洋沿岸的森林地帶爆炸，會很容易引起無數巨大的森林火災。

國人的擔憂日增，國家和政府也十分不安。這個時候，森林服務局提出了一個建議，他們希望人們能夠增強消防意識，防患於未然，盡可能避免火災事件發生。針對此，廣告委員會十分踴躍地表示，他們可以設計系列公益廣告，展開宣導活動，提高人們防火的意識和技巧。

很快地，一連串海報和廣告口號，諸如「森林著火就是幫助敵人」、「我們的粗心正是敵人的秘密武器」等出現了。廣告創意注重使用醒目的標題、鮮豔的色彩，希望引起人們的關注。1944年，負責該項廣告設計的FCB廣告公司注意到一個問題：雖然防火廣告內容很多，利用的媒體也不少，但是缺乏統一性，因此削弱了宣傳效果。於是，他們提議有必要進行形象化的森林防火宣傳，將各種媒體上的資訊統一起來。

森林服務局同意了他們的主意，接下來，大家一起考慮採用什麼形象宣傳比較合適？意見很多，有人說：「用小鹿吧！牠可是森林裡最可愛的動物。」有人說：「用松鼠吧！牠機靈活潑。」還有人說：「還是小鳥好，叫聲清脆。」

儘管大家熱情很高，但是這些形象似乎都不能代表防火的概念。這時，有人提出了新的建議：「還是用熊做消防員吧！你看牠體格壯，動作可愛，多像人啊！」

這個提議獲得一致認同，人們說：「對，無論大人還是小孩，都很喜歡熊。再看牠的形象，確實給人安全感，這與防火意識很接近。」

於是，著名畫家阿爾伯特．斯特爾創作了第一幅「消防熊」的海報，畫面上一隻熊正用一桶水澆滅露營留下的營火堆。就這樣，消防熊誕生了，它很快廣為流傳，出現在海報和卡片等各種防火宣傳素材上。配合著廣告語「記住，只有你才能預防森林火災」，開始了自己身負重任的歷程。

1952年，史蒂文·耐森和傑克·羅林又專門為消防熊寫了一首讚歌。歌曲廣為流傳，培養了一大批「消防熊迷」。

美國公眾接受了消防熊，接受了它的勸告「只有你才能防止森林火災」這句警示性的話，從此，它成為消防的象徵，極大地提高了人們對於火災的防範意識。據統計，在展開運動以前的1941年，每年大約發生森林火災約21萬起，毀壞林木3000萬英畝。

在展開運動以後，1967～1977年10年間，平均每年發生火災約12萬起，毀壞林木250萬英畝。30年間因減少損失而節約的費用達170億美元，而每年的廣告宣傳費用預算僅為50萬美元，還不到一個零頭；到了90年代，每年燒毀的森林不超過100萬英畝。

顯然，以消防熊為代言的這場長期防火宣傳運動，的確卓有成效。消防熊的形象設計體現了廣告活動中思維方法的幾點特性。通常來說，做為對廣告活動的總體關照，廣告策劃在思維方法上具有其鮮明的特徵。大體而言，進行廣告策劃，在思維上必須具備幾種規定性。

首先，要以事實為基點。廣告策劃與普通思維性工作不同，它需要擔負著實施後的效果問題。一個策劃付諸實施後，必須承擔市場風險，這就要求進行廣告策劃前，必須確切瞭解產品的特點與性能，熟知價格及銷售途徑，洞察消費者心理，掌握市場資料和競爭情況等，做到有的放矢。

其次，要統觀全局，進行系統思考。在思維方法上，應該從縱橫兩方面出發，將涉及到的內容進行協調處理，抓住它們彼此之間的關聯性，動態地、發展地去認識問題。

最後，應該抓住關鍵，突出主要問題。任務應該明確突出，這樣才能體現廣告在行銷中的地位和作用。

**有11種照片的主題特別具有吸引力，它們是：新娘、嬰兒、動物、名人、穿奇裝異服的人、處於奇特環境中的人、能講一個故事的照片、浪漫的場面、大災難、標題主題、有與生活中的重大事件同時發生的內容的照片。**

──約翰·卡普拉斯

# 第四章

# 廣告實施與管理

在實踐當中，通常將廣告效果測定劃分為兩大方向：一是廣告傳播效果的測定。這一測定包含三部分內容：廣告作品的測試，又稱品質管理；媒體計畫測試和消費者的心理效果測試，這是廣告發佈後的測定。二是廣告銷售效果測定。影響銷售效果的原因是多方面的，測定廣告效果必須要排除其他因素的干擾，準確測量廣告因素對銷售的影響。

# 30：1——廣告文案寫作

**廣告文案通常包括標題、正文、口號、隨文四大部分。但不是每則廣告都必須同時具有以上四項元素，有的正文與標號合而為一，有的廣告甚至沒有正文等等，不一而足。**

有一個故事：有一次，駱駝牌香菸準備推出新廣告，聞訊而動的廣告公司很多，他們都想爭取代理權。其中一家大廣告公司為了獲取成功，許諾說：「我們可以派出30名撰稿人為您服務。」駱駝牌香菸的經理雷諾可是個精明人，他聽了後之反問道：「只要一個出色的怎麼樣？」

經過再三比較篩選，雷諾最後選中了一個叫做比爾．埃斯蒂（Bill Esty）的年輕人，這位青年的創意設計果然非常出色，推出的廣告效果極佳。之後，這位青年持續代理駱駝牌香菸的廣告達28年之久。

在當代著名廣告大師中，與比爾．埃斯蒂（Bill

Esty）一樣，能夠以一當十，創作出極佳文案的廣告人員大有人在，美國賴利廣告公司（Hal Riney & Partners）的創辦人萊利就是其中一位，奧美廣告公司創辦人、廣告教皇大衛·奧格威，稱他為當今美國最傑出的撰稿員。

自從創業以來，萊利不斷推陳出新，炮製出無數叫好又叫座的經典廣告。他的廣告文案以強調替產品進行軟性推售（soft sell）為主。他主張利用感性訴求（emotional appeal）來感動消費者花錢購物，認為這比使用硬性的理性訴求（rational appeal）來說服消費者有效得多。

有一次，他在為一家科技公司撰寫文案時，對方要求突出產品的性能，萊利卻說：「廣告美感和特色才是推銷產品、替產品製造分別的最佳武器。許多消費者的購物決定，出自對於產品的親近感，並非理性。」

一開始，科技公司並不贊同這種觀點，對萊利說：「你不按要求撰寫，我們就解除代理合約。」

萊利沒有放棄自己的觀點，說：「隨你們的便。」說完，繼續埋頭撰寫文案。

幾天後，他撰寫完文案，並交給了科技公司。讓科技公司大吃一驚的是，這份文案內容非常動人，流露出的美感令人無法拒絕。就這樣，他們同意了萊利的文案，並很快推出了廣告。結果，在廣告宣傳之下，新產品吸引了大批消費者，銷售情況一路看好。

事後，人們問起萊利創作文案的感受時，他笑著說：「撰寫廣告文案時，除了要留意它的內容，更要看看它流露出多少美感，創作人應該是懂得解決問題的市場推廣人。」

另外，萊利也多次強調一件事情，那就是：「小型廣告公司比大型廣告公司更容易炮製有創意的廣告。因為小型廣告公司較少有官僚作風、較不必要的疊床架屋，令創作人與創作人之間的溝通更加容易。」他的這一說法，與駱駝牌香菸挑選文案創作人時的思路簡直如出一轍，他們的故事也充分驗證了廣告文案寫作中，優秀文案人員的重要性。

語言和文字是廣告最基本的傳播資訊的載體和要素。誠如廣告大師大衛・奧格威所說：「廣告是語詞的生涯。」離開語言和文字，廣告創意就無法記錄下來，更不能進一步表現和深化。這些廣告作品中的語言和文字，就是廣告文案。

以印刷廣告為例，廣告文案通常包括標題、正文、口號、隨文四大部分。但不是每則廣告都必須同時具有以上四項元素，有的正文與標號合而為一，有的廣告甚至沒有正文等等，不一而足。

其中，廣告正文是廣告文案的主體，是對廣告標題的解釋和廣告主題的詳細闡釋，講述全部銷售資訊。但是，實際廣告宣傳過程中，讀者往往注重廣告標題，而很少閱讀正文。這就要求文案創作人員在創作正文時，一定要抓住消費者心理，藉助一定創作技巧，對廣告標題進行有趣味性的闡釋，激發消費者的閱讀興趣，進而達到目的。

**廣告比什麼都能反映出國家和時代的特色。**

——讓・馬賀・杜瑞：《顛覆廣告》

# 你按快門，其餘不用管——廣告標題

**根據調查顯示，閱讀標題的人比閱讀正文的人平均多二至四倍，可見廣告標題的重要地位。**

巴林是美國廣告語言專家，20世紀初，他曾經創作了很多有名的廣告語言，進而在廣告界頗富有名聲。

有一次，柯達公司委託他為照相機撰寫廣告標題，巴林接到任務後，苦思冥想，他首先分析產品特色，認為照相機能夠快速地記錄下生活的片刻，是個非常方便簡單的新生事物。接著，他開始琢磨消費者心理，他想，照相機是個新科技產物，消費者對它缺乏瞭解，懷有神秘感和敬畏感，應該引導他們認識照相機，消除陌生

感，這樣才能激起他們購買的欲望和信心。

根據這兩點，巴林幾經易稿，最終確定了廣告標題：「你按快門，其餘工作不用管。」一句話，既告訴了消費者如何使用照相機，還說明了照相機的快捷特色，語氣中含有祈使、勸誘、感嘆的味道，令人難以拒絕，進而對柯達照相機留下深刻印象。

柯達公司利用這句話大做廣告，收到了極其好的效果。

在廣告實踐中，成功利用標題的廣告非常多，美國生產的SS型手提電視機，在開拓國外某市場時，採用了主題系列廣告策略。全部廣告分為三期，每期又分為若干則。在每期廣告中，他們都運用了醒目的標題來吸引消費者。在第一期第一則廣告裡，他們的標題是「唯一全部採用美國零件，美國外銷的電視機」，強調獨家經營此類型的美國產品，樹立經銷商的聲譽。第二則廣告標題變為「苗條淑女」，強調該機適合小康之家和小家庭之用。第三則廣告標題是「寂寞的晚上」，廣告對象變為單身漢，他們收入少，無力購買大型電視機，居家狹小，時有苦悶寂寞之情，勸導他們購買這種電視機最合適。

透過這種宣傳，SS手提電視機很快深入人心，獲得消費者認可。根據這個經驗，他們推出第二期廣告時，也採取了獨特的廣告標題，像「舐犢情深」，以喜劇形式報導一家人由於喜愛孩子而購買電視機的經過。

在系列廣告影響下，SS手提電視機成功打開了國外市場，一舉成功。

如同巴林創作的出色廣告標題一樣，很多企業依靠出色的廣告標題為他們贏得了利潤。

調查顯示，廣告標題在整個廣告文案中佔據重要地位，醒目有效的標題會引起消費者注意，並將他們引向廣告正文，使他們獲得完整的廣告資訊。反之，如果標題不出色，沒有吸引消費者，那麼他們通常不會關注正文，也就無法獲得廣告傳達的資訊。

創作標題時，需要注意幾點：

1、標題應該醒目突出，放在最為重要的位置上。

2、標題必須表現廣告主題。這種表現應該是顯而易見的，準確清晰地告訴消費者關於產品或者企業的利益與承諾。

3、新穎奇特。標題語言必須有自己的特性，能夠吸引受眾，讓人產生過目不忘之感。

**定位的道理非常淺白，就像上廁所前，一定要把拉鏈拉開一樣。**

——著名廣告創意人喬治．路易士，《蔚藍詭計》的作者

# 鑽石恆久遠，一顆永流傳——文案寫作原則

**廣告文案創作遵循真實性、原創性、有效傳播性三個原則。**

「鑽石恆久遠，一顆永流傳」是著名的鑽石廣告佳句，自從 1947年4月誕生以來，備受讚譽，被譯成29種語言，在世界各地廣為流傳，成為鑽石廣告的經典名句。說起這句廣告語的來歷，也是頗有淵源。

15世紀前後，鑽石是地位和權力的象徵，只有貴族階級才能佩戴珍藏。第一次世界大戰以後，鑽石開始普及，然而此時的開採商們卻面臨一個史無前例的糟糕的市場前景。原來，在人們傳統意識裡，鑽石代表著政治，與一般人關係不大。當時，人們根本沒有把鑽石與愛情聯想在一起，這樣，鑽石的目標受眾群就比較狹窄。加上當時全世界範圍內大面積的鑽石儲藏地被發現，不僅南非、澳大利亞，連遙遠的西伯利亞也開始出產鑽石。鑽石本來以稀為貴，現在產量一高，就不那麼珍貴了。

於是，鑽石商們不得不想盡辦法促銷。1938年，戴比爾斯開採公司委託N．W．艾耶父子廣告公司代理他們的廣告業務，試圖透過廣告宣傳提高鑽石銷售量。

N．W．艾耶父子廣告公司受命後，立即組織人員展開周密的調研工作，並且很

快找到了問題的癥結所在，他們發現人們還沒有把鑽石、婚約以及浪漫愛情聯繫起來。另外，年輕人對鑽石消費毫無概念，對購買鑽石的大小、價錢等均感到迷惑。調研最後得出結論，戴比爾斯的廣告只能從先培育整體鑽石市場的消費者開始。在此基礎上，一連串全新的鑽石廣告問世了，這種廣告策略的設計主要是先打動女人，然後再透過已經為產品動心的女人去說服男人購買。

為了把鑽石戒指與羅曼蒂克的情調聯繫起來，N．W．艾耶父子廣告公司的撰稿人員絞盡腦汁充分聯想，差點導致蜜月和鑽石聯姻主題的氾濫。這時，到了1947年，艾耶公司的女撰稿人法蘭西斯．格瑞特在大量鑽石廣告文案的基礎上，試圖找到一種新的表達方式，她希望自己創作的文案不要陷入窠臼，能夠把鑽石所擁有的內在含意和羅曼蒂克的性質結合在一起。這是一個非常艱難的任務，她日思夜想，萬分焦慮，因為提交文案的時間馬上就要到了。這天，她又伏在案頭，一會兒思索，一會兒在紙上寫著。突然間，她眼前一閃，腦海裡浮現出一句話：「A Diamond is Forever.（鑽石恆久遠，一顆永流傳）」這句話讓她興奮異常，她寫在紙上，左看右看，被突如其來的靈感深深感動。接著，她迅速完成了全部文案，並且如期呈交上去。

結果，這句廣告語播出後，征服了億萬消費者，成為鑽石宣傳中最成功的名句，直接推動了鑽石行業發展。鑽石婚戒成為世界各國人們通用的文化習俗，在1959年時日本還禁止鑽石的使用，到現在為止幾乎80%的新娘都戴著訂婚戒指。

法蘭西斯．格瑞特也因此一舉成名，獲得了在廣告界應有的地位，當人們問起她如何創作出「鑽石恆久遠，一顆永流傳」這樣的名句時，她感慨地說：「這是來自上帝的暗示。」

從經典的廣告語言中，可以領略到廣告的無窮魅力。然而，廣告文案的寫作並不是隨意的，它必須遵循某些原則。

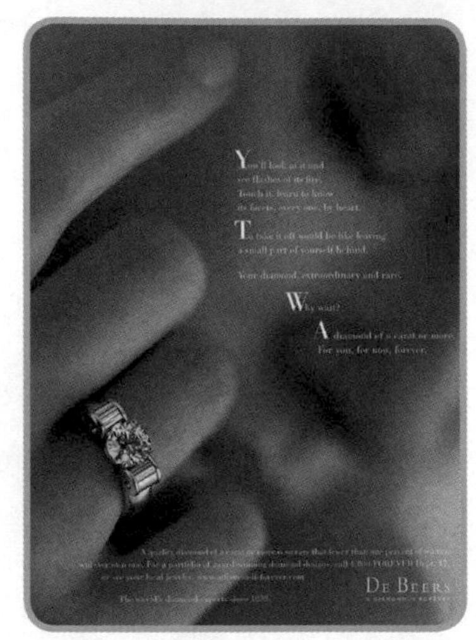


1、真實性原則。廣告文案文本是表達資訊的直接載體，是消費者和產品、企業之間溝通的橋樑。文案是否真實可靠，直接決定著消費者是否接收到了真實資訊，能否產生相對的心理情緒，進而影響他們的購買意向。

2、原創性原則。原創性是指廣告文案創作過程中，廣告文案人員要抓住產品或企業與眾不同的地方，採取新穎的獨特創作方式，使作品具有生命力，以吸引消費者，促使他們產生購買衝動。原創性表現在兩個方面，一是表現手法上的獨創，一是表現內容上的獨創。

3、有效傳播原則。廣告宣傳的目的是讓消費者瞭解產品、企業，所以，創作文案時，應該結合目標消費者的實際情況，能給消費者一種既熟悉又親密、朋友般的感覺。

**布魯斯·巴頓（Bruce Barton，1886年～1967年），BBDO未來的締造者巴頓，用他直效行銷的文案第一個推廣了哈佛經典的「五腳」書架。他還是第一個將耶穌管理經驗引入商業領域，提出「耶穌管理學」及「僕人式領導法」的人。**

# 與消費者親密接觸——溝通

**溝通力，即廣告文案人員與目標受眾和目標消費者的溝通能力。這種溝通能力透過他們所寫作的廣告文案在廣告作品中得到表現。**

克羅爾是美國當代最傑出的廣告大師之一，他注重廣告的真實性，擅長捕捉消費者心理，曾經創作了一連串優秀作品。關於他的成功故事很多，下面這個也許能夠讓你一窺端倪。

年輕的克羅爾身材健碩、高大威猛，喜歡足球運動，是一位傑出的美式足球猛將。別看他長得粗壯，心思卻很細密，除了足球，他還喜歡做一件與眾不同的事情：研究消費行為。這件事情滲透到他生活的種種方面，有一段時間，每當同學們正在埋頭苦幹地溫習功課之際，他總是跑到學校門外，數數來往的名牌轎車，他可不是嚮往名牌車，而是有自己的任務，他在觀察各個品牌車輛的多少。經過多次觀察，他發現眼前出現的福特汽車總比賓士汽車多，而且他熟悉的人也大多喜歡福特車，他們購買福特車的數量總是超過賓士車。這是什麼原因造成的呢？

克羅爾苦思冥想，找出無數條理由，又都一一否決，然後重新思索。終於，年輕的克羅爾數厭了名牌轎車，可是他並沒有厭倦研究消費行為，這時候，他又跑到城中的藥房，打探一下哪一種感冒藥銷售量最佳？哪一種感冒良藥是頭號牌子？

當然，他的調查研究沒有止境，因為消費行為層出不窮，而他，在不停地鑽研當中長大，並跨入廣告業，憑藉著強烈的愛好和刻苦的精神，很快嶄露頭角，屢屢獲得成功，最終成功地在70年代策劃了肯德基家鄉雞的「親親午餐多美味——親親家鄉雞」廣告攻勢，「80年代大都會」人壽保險之「花生卡通人物（PEANUTS CARTOON）」廣告系列，以及80年代美國Dr・Peper汽水之「最被曲解，最與眾不同的汽水（Mostunderstoood，Most unusual soft drink）」廣告攻勢。他也由創作人員搖身一變成為美國威雅廣告公司的主席兼行政總裁。

克羅爾透過對消費者的研究，創意策劃了許多成功案例，他的成功，很大程度上都得益於他強調從消費者角度出發，透過溝通來打動他們。

溝通，是廣告文案人員透過文案和消費者交流的表現，溝通能力強弱往往左右文案創作能否成功。這是因為廣告是一種資訊傳播活動，傳播的核心問題是傳播者和消費者之間互相領會對方的含意。如果彼此不能互相理解，那麼廣告傳播就是失敗的。這一點決定了文案創作中溝通的重要性。

在實踐當中，想要提高溝通能力，需要廣告文案人員具備對目標消費者的特殊需求、生活方式和生活特性、特殊的文化環境和文化素養、特殊的語言表達和接受方式等方面的認知。只有獲得廣告作品和目標受眾之間的交流和溝通，才能產生廣告作品的銷售力、廣告作品的觀念滲透力。

**克勞德・霍普金斯（Claude C. Hopkins，1866年～1932年），克勞德・霍普金斯相信廣告的存在只為推銷什麼。堅持文案需要詳細瞭解客戶產品的細節情況再去撰寫文案，宣導廣告科學。**

# 「我們愛第一」──<br>系列文案寫作

**系列廣告指的是全方位、多角度、全過程和立體地表現廣告主體的廣告形式，通常能夠產生較大的影響力和氣勢，滿足消費者對廣告資訊深度瞭解的需求。**

百威啤酒是美國首屈一指的高品質啤酒，也是在美國及世界最暢銷的啤酒，居於啤酒業的霸主地位。說起它的成功，其卓越的市場策略和廣告策劃佔據著重要地位。這一點，從它進軍日本市場的廣告故事可見一斑。

1981年，進軍日本之前，百威啤酒首先展開了市場調查，他們發現日本經濟高速發展，居民的消費水準空前高漲，日本年輕人變得更有購買力，有更多的時間去追求自己喜愛的事物，新奇而又昂貴的產品很吸引他們。因此，他們確定了以年輕人為訴求對象的廣告策略，並且決定推出系列廣告活動，一舉拿下日本市場。

這個系列廣告活動開始了，他們首先把重點放在廣告雜誌上，結合精美的海報，以此為突破口，專攻年輕人市場。

為了打動年輕人，他們選用了扣人心弦的創意策略，創作了具有震撼力的廣告文案。第一階段，他們提出的主題是：「第一的啤酒，百威」，標題是：「我們愛第一」，這樣的內容自然非常吸引活力十足、喜歡自我展現的年輕人。所以，廣告推出後，迴響很大，百威啤酒逐步確立在日本青年心目中的地位。僅僅一年時間，

百威啤酒的銷售量就提升了50%。

第二階段，百威啤酒的主題改為：「百威是全世界最大，最有名的美國啤酒」，廣告標題則變成「這是最出名的百威」，標題就印在啤酒罐上，只要拿起罐子就可以看到。

這樣，更加鞏固了百威啤酒的品牌形象，凸顯了它的霸主地位。隨著系列廣告不斷推出，百威啤酒也在不斷運用更多媒體，逐漸從雜誌走向報紙、電視，他們還展開多種活動，配合媒體廣告，這些活動吸引了大批的年輕人，擴大了產品的影響力。1984年，百威進軍日本不過3年時間，銷售量達到了200萬瓶。

系列廣告指的是全方位、多角度、全過程和立體地表現廣告主體的廣告形式，通常能夠產生較大的影響力和氣勢，滿足消費者對廣告資訊深度瞭解的需求。與單一廣告相比，系列廣告具有刊播連續性、資訊全面性等鮮明特色。在進行系列廣告文案創作時，首先需要考慮整個系列中，如何表現廣告文案完整的意義，如何塑造整體形象。其次要注意廣告內容之間的關聯性，並使各部分之間保持均衡，還要體現一定的變化性，表現系列廣告的優勢和特徵。根據結構變化，系列廣告分為標題不變正文變類型、標題變正文變類型、標題變正文不變類型、標題正文均不變類型。

**艾倫・羅森希納（Allen Rosenshine），曾任BBDO廣告公司首席執行長，效力BBDO長達41年。他認為，打造品牌是廣告人的第一要則。任職期間，BBDO那段時間的業務由3億美元增加到超過24億美元。**

# 「香醇的，大家的……」——產品認知廣告文案

**廣播廣告主要以文案為主，語言文案是最重要的傳播方式，具有費用較低、傳播迅速、不受時空限制等優點。**

瑞士雀巢集團成立於1867年，創始人名叫亨利．雀巢（Nestle），德語意思是小小雀巢。

如今，小小雀巢已經成為世界上最大食品公司的代名詞，是世界著名的跨國公司之一。與所有成名的偉大公司一樣，雀巢的成功與廣告也有不解之緣。

50～60年代，雀巢根據當時廣告發展情況，開始推出產品導向型廣告，著重強調雀巢咖啡的純度、良好的口感和濃

郁的芳香。這時，人們已經接受了即溶咖啡，所以對於它強調品質自然十分滿意。

1961年，雀巢咖啡進入日本市場，率先打出電視廣告，提出「我就是雀巢咖啡」的口號，這句口號樸實明瞭，反覆在電視上出現，迅速贏得了知名度。

1962年，雀巢公司根據日本消費者以多少粒咖啡豆煮一杯咖啡來表示咖啡濃度的習慣，展開了43粒廣告運動，廣告片中唱著「雀巢咖啡，集43粒咖啡豆於一匙中，香醇的雀巢咖啡，大家的雀巢咖啡」，優美的旋律一時間傳遍了大街小巷，成為日本家喻戶曉的歌謠。

進入80年代後，隨著雀巢咖啡知名度越來越高，雀巢咖啡廣告的導向轉變為與年輕人生活息息相關的內容，廣告尤其注重與當地年輕人的生活形態相吻合。比如在英國一則電視廣告中，雀巢金牌咖啡扮演了在一對戀人浪漫的愛情故事中促進他們感情發展的角色。

在日本，雀巢則推出了一個「瞭解差異性的男人」的廣告運動，廣告內容中雀巢金牌咖啡所具有的高格調形象，是經過磨練後的瞭解差異性的男人所創造出來的。廣告營造了日本男人勤勉的公司員工形象，因此大受歡迎。

經過不斷廣告宣傳，如今雀巢咖啡（Nescafe）這個名稱，用世界各種不同的語言來看，都給人一種明朗的印象，和消除緊張、壓力的形象結合在一起。

雀巢咖啡廣告是以產品為重點進行宣傳的典型案例，在它各個時期的廣告文案中，無不體現著產品的特色。這種文案寫作也有自己的特色。

首先，進行新產品宣傳時，廣告文案的表現重點要放在認知的角度上，將產品的新特點、新的功能傳遞給潛在消費者。

其次，如果為了提升產品知名度而進行的文案寫作，就要強調、突出、重複產品與眾不同的特色，使其在同類產品中處於競爭優勢。

最後，如果是為了引導消費者新觀念而進行的文案寫作，就要提出一定的消費觀念，並宣揚這種觀念與產品之間的關係，進而引導消費者透過產品來實現這種觀念。

**Hip-Hop一直是青少年中最流行的音樂形式之一，說唱明星奈利（Nell）是他們的偶像。透過這則廣告我們希望成千上萬奈利迷們看見——即便他們心目中的說唱明星，也需要牛奶中的九種營養成分來保持骨骼和身體健壯。這很有可能激勵他們每天喝夠足量的牛奶。**

——牛奶鬍子戰役的CEO科特．格雷茲（Kurt Graetzer）對2002年啟用Hip-Hop明星奈利製作牛奶鬍子廣告的寄語

# 令人愛撫的皮膚——感性訴求

**文案寫作的分類方法很多，其中根據不同的訴求方式而形成的廣告文案寫作，可分為三類：感性訴求廣告文案寫作、理性訴求廣告文案寫作、情理配合廣告文案寫作。**

在廣告界，出色的女廣告人員不多見，然而，海倫・雷索卻非比尋常，她打破這一常規，成為20世紀最出色的廣告大師之一。

說起海倫・雷索的成功故事，還要追溯到1886年，那時，她出生在美國肯塔基州東北部的山地小城格雷森。青少年時代，正是20世紀初美國經濟大發展時期，商品非常豐富，女性做為特殊的消費群體，在廣告宣傳中的重要性日益凸顯。年輕的海倫性格活潑，對廣告業情有獨鍾，她先到普洛克特暨柯里爾廣告公司任職，很快才華洋溢，受到廣告界人士關注。

不久，智威湯遜廣告公司的史坦利・雷索親自到海倫家中邀請她到智威湯遜工作。海倫瞭解智威湯遜，知道它的客戶大多數是寶潔公司之類生產化妝品和日常生活用品的廠商，身為女性的她，覺得這非常適合自己的發展，於是答應了下來。

果然，智威湯遜的特色為海倫展露才華提供了絕好的機會。

1910年，年僅24歲的海倫受命為沃德伯利洗面皂製作一連串廣告。她經過分析琢磨，發現在當時廣告宣傳中，大多強調肥皂去污之類的基本性能，這已經顯得不合時宜，她認為應抓住每個婦女都希望美麗、有魅力的心理特點，著重產品能滿足這方面要求的宣傳。

於是，一連串總標題為「A Skin you love to touch.」（令人想愛撫的皮膚）的廣告作品問世了，在作品中，海倫大膽使用美術家金鮑爾畫的略帶性感的廣告畫，比如其中最著名的一幅是一位身著禮服的英俊男士右手將一位美麗女子攬入懷中，左手緊握著女子的右手放在胸前，男士親著女士的臉頰，女士則面帶笑容自信地前視。這樣的作品在當時是非常前衛和吸引人的，所以一經推出，立即引起轟動。

在這組廣告作品中，還體現了海倫創作的另一特色，那就是文案創作中注重感情訴求。她在文案中說：「您對您的皮膚大有可改進之處。只要適當地加以保護，它就會變得像您所夢想的那樣柔嫩可愛。請您使用迄今最適合皮膚保護的沃德伯利洗面皂洗臉，讓它滲透到您的皮膚中去。」接著，文案詳細敘述了科學的洗臉方法，教導婦女們如何使用沃德伯利洗面皂。

整個廣告中，有一句誘

惑人心的廣告語：「昨天，『令人想愛撫的皮膚』在65個婦女中只有一個擁有；今天，它已經成為所有婦女要求美麗的權利了。」這一點突出了女性的心理需求，可謂擊中要害之筆。

廣告帶來了前所未有的成功，《大西洋月刊》評論：「『令人想愛撫的皮膚』的廣告標題語言一直透入人的記憶深處……這則廣告大約是在同一時間裡為最多的人閱讀的廣告了。」阿爾伯特·拉斯克對此也給予了極高的評價，他說：「 這則廣告的風格是美國早期廣告發展過程中的『三大里程碑之一』。」藉助成功的廣告宣傳，沃德伯利洗面皂的銷售量上升了10倍之多。

從此，海倫名聲雀起，樹立了自己在廣告界的地位。之後，她連續創作了很多優秀的廣告作品，無不體現出她個人的特色——對於情感訴求的追求。

後來，她在回憶自己的廣告生涯時說：「我是為在全國範圍內推銷的產品和為地方零售商品撰寫和策劃廣告的第一位成功的女性。」時至今日，人們仍說：海倫在美國廣告界的出現和成功經歷，令人對女性在廣告方面所能取得的成功重新審視，無論從哪方面來說，那都是有著極其深遠的意義的。

海倫做為女性，在文案創作中明顯地側重於感性訴求方式，因而獨具特色，十分成功。那麼，文案寫作有哪些分類呢？

文案寫作的分類方法很多，其中根據不同的訴求方式而形成的廣告文案寫作，可分為三類：感性訴求廣告文案寫作、理性訴求廣告文案寫作、情理配合廣告文案寫作。

感性訴求廣告文案寫作注重消費者的情感和情緒，使他們對文案產生比較美好的印象，這樣可以讓他們更積極地接受廣告資訊，進而付諸行動。這種寫作方式可應用於日用品、化妝品廣告的文案寫作。

理性訴求廣告文案寫作則是從企業或者產品的客觀性能出發，注重實證，以理性說服消費者，這種寫作方式可應用於科技產品的文案寫作。而情理配合廣告文案寫作指的是結合上述兩種方法的優點，既注重消費者的情感和情緒，也強調產品或企業的客觀性能，進而使得廣告效果更能打動消費者的寫作方式，這種方式在廣告文案寫作中應用最廣。

**小馬里恩·哈珀（Marion Harper Jr.，1916年～1989年）：締造IPG集團，並開創廣告傳播集團先河，被稱作哈珀大帝，是美國廣告界20世紀最富有創新王國的締造者。**

# 以退為進——廣告效果

**廣告效果是廣告活動或廣告作品對消費者所產生的影響。**

20世紀60年代初，哈勒爾公司生產了一種名為「配方四零九」的清潔噴液，並在全國展開零售工作。幾年時間內，「配方四零九」已經佔領了將近一半的清潔噴液市場，銷售非常成功。

有成功就有羨慕，有羨慕就會滋生競爭，於是，很多日化公司不甘落後，紛紛研製開發新的清潔噴液，其中一家公司在1967年推出了一種稱為「新奇」的清潔噴液，那就是鼎鼎大名的寶潔公司。

為了確保產品獲得成功，寶潔公司首先在丹佛市展開了試銷活動。這次試銷，寶潔投入了大量資金，不管在創造、命名、包裝還是促銷上，他們都做得十分細緻、精確，並且進行了耗資巨大的市場研究，廣告宣傳可謂聲勢浩大。在如此陣仗面前，人們普遍認為，寶潔公司投入鉅資進行宣傳試銷，看來不是一時逞強，而是立志打敗哈勒爾，爭取吸引到有關消費者的注意，塑造自己的形象。

面對寶潔公司的強大攻勢，哈勒爾該怎麼做才能避免失敗呢？他們心裡清楚，如果硬碰硬，和寶潔比廣告、比勢力，都將必敗無疑。難道就這樣等待失敗嗎？哈勒爾心有不甘，他們經過一番深思苦想，想出一個辦法。就在寶潔公司的新產品「新奇」清潔噴液將要在丹佛市試銷時，哈勒爾悄悄地從此地撤出了。當然，他們並非直接從貨架上搬走產品，而是中止了一切廣告和促銷活動，並且在零售商售完產品後，不再繼續供應，告訴他們：「配方四零九無貨供應。」看起來，他們似乎在做著悄悄撤退的工作，似乎無心與寶潔一爭。

自然，寶潔並不知道哈勒爾的戰略變化，而是按照自己的計畫強力宣傳，並且果如所料，取得了輝煌戰績，負責試銷的小組彙報說：「所向披靡、大獲全勝。」他們認為，哈勒爾在強大的攻勢面前節節敗退，無力還擊。

就這樣，寶潔公司透過廣告效果測定，根據試銷情況，發動了下一步的「席捲全國」攻勢。這時，悄悄撤退的哈勒爾開始採取報復措施了，他們早就生產了一批產品，這些產品分16盎司裝和半磅裝，一併以0.48美元的優惠零售價促銷，比一般零售價降低很多，並且他們配合大量廣告來宣傳這次促銷活動。

結果，大批消費者一次購足了大約可用半年的清潔噴液。而當寶潔的產品大量投入市場時，清潔噴液的消費者「蒸發」了，他們不再需要清潔噴液，因為家裡都已經儲備了足夠的「配方四零九」！

於是，寶潔公司經過一段時間掙扎後，不得不從貨架上搬走「新奇」產品，他們無奈地承認，這項新產品失敗了，儘管試銷十分「成功」。

這次精彩的對戰演示了廣告效果測定在產品銷售中的重要性。顯然，寶潔公司是深諳廣告效果測定之道的，並且按照廣告效果進行了下一步行動。可是，哈勒爾公司卻技高一籌，他們料到了寶潔公司的計畫，懂得廣告效果對它的影響有多大，因此抓住這一點大力反攻，進而一舉獲勝。那麼，什麼是廣告效果？在實際廣告活動中，又如何對它進行測定呢？

廣告效果是廣告活動或廣告作品對消費者所產生的影響。分為狹義的廣告效果和廣義的廣告效果兩類。由於廣告活動的複雜多樣，也由於資訊傳播受到多種因素影響。所以，廣告效果往往也呈現多樣性，總而言之，以累積性和複合性兩個特點表現。累積性特點表現為廣告產生效果的時間長短不一，還表現為不同媒體廣告產生的效果程度不同。廣告效果累積效應的大小與廣告製作的水準，媒體推出計畫和時間有密切關係。複合性特點指的是廣告效果不是單一的，而是多方面、多角度的。

在實踐當中，通常將廣告效果測定劃分為兩大方向：一是廣告傳播效果的測定。這一測定包含三部分內容：廣告作品的測試，又稱品質管理；媒體計畫測試和消費者的心理效果測試，這是廣告發佈後的測定。二是廣告銷售效果測定。影響銷售效果的原因是多方面的，測定廣告效果必須要排除其他因素的干擾，準確測量廣告因素對銷售的影響。

**約翰·沃納梅克（John Wanamaker，1838年～1922年），是位零售商人，但他深諳廣告之道，塑造了廣告業20世紀開始時的最高標準。沃納梅克的一段話頗為美國廣告業稱道：「我花費在廣告上的錢，有一半被浪費掉了。問題在於，我不知道浪費的是哪一半。」**

# 燈籠帶來的聲望——社會效果

**廣告效果除了表現在經濟方面外，還對社會道德、文化、教育、倫理、環境等社會環境產生了一定影響。**

民國期間，在中國北京發生過一件事：

當時的北京，很多大街小巷都沒有路燈，到了晚間，行車、走路非常不方便，特別是有時候一些街道挖溝施工，就給人們帶來更大不便，交通事故時有發生。不少人抱怨道：「唉，這可好了，天一黑哪兒也別想去了。」

這件事情在京城鬧得沸沸揚揚，傳到了同仁堂藥店的老闆耳中，他已經注意到，最近不少人來購買跌打損傷的藥，看來因為缺少路燈摔傷、碰傷的大有人在啊！不久，藥店附近的街道也開始施工了，老闆看在眼裡，急在心上，他知道，很多病人都是夜裡來請大夫抓藥的，現在天黑路難走，不是耽擱他們看病嗎？

想來想去，老闆有了主意，他召集手下人訂製了一批燈籠，一到晚上，就叫他們把燈籠掛在主要路口和危險的地段，這樣一來，道路照亮了，人們行走方便多了。一開始，他們只在藥店附近掛燈籠，後來發現這個辦法不錯，就開始推廣使用，在很多道路上懸掛燈籠。

同仁堂老闆是個精明人，他在訂製燈籠的同時，請人在上面印上同仁堂的字樣，這就等於以燈籠為媒介宣傳自己的藥店。燈籠給人們帶來了方便，人們自然不會忘記它，更不會忘記懸掛燈籠的人。短短時間內，人們都知道了同仁堂，有病買藥自然想到它。於是，同仁堂名聲大振，博得百姓一致讚譽。

這種為社會謀福利的行為給同仁堂帶來極大的效益，因此深受推崇。多年來，他們多次採取這種辦法進行廣告宣傳，社會反映非常好，他們的地位和聲望也一直在同行業中遙遙領先，極好地促進了行業發展和競爭。

同仁堂透過廣告，贏得了人們極高的讚譽，這一點體現在廣告的社會效果方面。

我們在前面說過，廣告效果除了表現在經濟方面外，還對社會道德、文化、教育、倫理、環境等社會環境產生了一定影響。這種影響可能是短期的、一時的，也可能是長期的、潛移默化的。在測定一則廣告的社會效果時，需要從以下幾個方面去考慮：

1、是否有利於樹立正確的社會道德規範。

2、是否有利於培養正確的消費觀念。

3、是否有利於社會市場環境的良性競爭。

通常來說，人們測定社會效果會從兩方面進行，一是測量廣告的短期社會效果，這時，可採用事前、事後測量法。透過接觸廣告之前、之後的消費者在認知、記憶、理解以及態度反應的差異比較，測定出廣告的短期社會效應。一是測定廣告的長期社會效果，長期社會效果既包含對短期效果的研究，也考慮廣告複雜多變的社會環境中所產生的社會效果，需要運用較為宏觀的、綜合的、長期跟蹤的調查方法來測定。

**威廉・佩利（William Paley，1901年～1990年），美國廣播事業的先驅、哥倫比亞廣播公司董事會第一任董事長及主席，在廣告廣播事業中成就突出。**

# 誠實的金龜車──<br>廣告對消費者的作用

**廣告對消費者產生了很大影響：豐富了消費者生活；刺激消費者消費；傳授給消費者知識。**

當今世界上，也許沒有哪個廣告像伯恩巴克為金龜車創作的廣告那樣出色了，廣告教皇大衛．恩格威就曾說過：「即使我活到一百歲，也創造不出金龜車那樣的廣告。」這究竟是一個什麼樣的廣告呢？

讓我們回到20世紀30年代的德國。1937年5月，費爾迪南特．波爾舍創建大眾開發公司，1939年8月生產了210輛汽車。這些汽車以形態奇特、堅固耐用、價格低廉著稱，與當時流行汽車大相徑庭。

二戰後，這類車輛適合當時人們所需，銷售量不錯，很快佔據了歐洲市場。大眾公司希望它能遠渡重洋，打開已經近乎飽和的美國市場。成立於1947年的BBDO廣告公司接到了這個委託，這可是個非常困難的工作，公司創始人之一伯恩巴克在承接了大眾汽車公司的廣告業務之後，做的第一件事情就是飛到大眾設在德國沃爾夫斯堡的工廠，他要親眼看看這種樣子怪怪的汽車是如何生產出來的。

在工廠裡，他看到了汽車所用材料的品質，看過工廠為避免錯誤而採取的幾乎難以置信的預防措施，看過工廠投資浩大的檢查系統。正是這一系統，確保不合格

產品不能出廠。

另外，令伯恩巴克深深折服的，還有工廠的高效率，工人們全心投入，不惜一切地工作，那是在許多工廠難以見到的場景。正是這種高效運作，才能保證大眾公司出產如此低價的汽車。

基於以上兩點，伯恩巴克激動地想：我找到要在廣告中突出的主題了，這就是這部車子的誠實性，不管它的品質還是它的價格，都是誠實的。

當時，大眾汽車資金並不寬裕，因此提供的廣告代理費用也不高，怎麼樣凸顯汽車的誠實性呢？困難面前，伯恩巴克的思想越發活躍起來，他經過艱苦思索，終於得出了一個絕妙的廣告創意，並很快繪製完成。整個廣告只有一輛車子和一個標題「檸檬」（Lemon），人們都知道這是對一輛不滿意的車子的一種標準描寫。

汽車呆頭呆腦地停在那裡，既沒有美女陪伴，也沒有別墅襯托。在這裡，「檸檬」表示由於一位苛刻的大眾公司品管員認為這輛車子是不滿意的車子（Lemon），僅僅是因為在某處有一點肉眼幾乎看不見的微傷，可見大眾公司對產品的品質要求是多麼嚴格。這種看似簡單實則內涵豐富的廣告再一次證明這的確是一輛值得紀念的誠實的車子。

至此，這則廣告透過簡單的畫面傳達出創意內容，讓人們深深地感觸到這款車子的誠實性。廣告推出後，立即引起巨大轟動，被當時的廣告專家公認是第二次世界大戰以來的最佳作品。

大眾公司的小型轎車也因此在美國市場迅速提高了知名度。美國人民親切地稱呼這種樣子像金龜車的汽車為「金龜車」。

從此，金龜車風靡世界，成為汽車業的佼佼者，也帶動了大眾公司的發展，使其成為歐洲第一、世界第四的汽車公司。同時，金龜車廣告也改變了人們對於汽車的傳統印象，改變了人們購買駕駛汽車的某些習慣，進而促進了汽車業發展，在一定程度上影響著人們生活。

可以說，金龜車廣告對消費者產生了深遠影響。這種影響隨著廣告業發展，已經越來越明顯和深刻，主要表現在以下幾方面：

1、廣告豐富了消費者的生活。廣告傳播的是資訊，來自各方面的資訊滿足了消費者的需求，豐富了其生活內容。

2、廣告刺激了消費者個人消費。廣告的目的就是激發消費者的購買欲望，連續不斷的廣告宣傳，可以對消費者的消費興趣和物質欲求進行不斷地刺激，進而引起消費者的購買欲望，進而促成購買行為。

3、廣告傳授給消費者一定的知識。現實生活中，很多人對於產品的認識、瞭解都是透過廣告得來的，而且還進一步瞭解同類產品的其他資訊，增長知識，擴大視野，活躍思維。

總之，廣告和消費者之間的關係已經越來越密切，廣告不再是單純推銷產品的行為。相信隨著時間推移，廣告對消費者的影響也會更加廣泛和深入。

**薩奇兄弟，莫里斯・薩奇與查理斯・薩奇（Maurice and Charles Saatchi），他們創辦薩奇兄弟廣告公司，建立了世界上最大的經營聯合大企業和永久地改變和重新定義美國的廣告前景。**

# 郵票上的廣告——廣告管理

**廣告管理分為廣義和狹義兩類，前者包括廣告公司的經營管理和廣告行業及廣告活動的社會管理兩方面的內容。後者則是政府職能部門、廣告行業自身和社會監督組織對廣告行業及廣告活動的指導、監督、控制和查處，是對廣告本身的管理。**

小小的郵票，是通信必備品，在電子通訊不夠發達的時候，曾經在人際交流中佔據絕對位置。所以人們說：郵票是世間流傳最為廣泛的物品。20世紀80年代，在美國還發生了一件事情。

當時，隨著電子通訊崛起，郵政業受到衝擊，美國郵政出現了虧損。面對此種現象，各式各樣的建議不斷出現，試圖挽救郵政業。這些人中有一人是加利福尼亞州的參議員，名叫小戈特華。小戈特華注意到，當下社會，廣告業務特別發達，不管報紙、雜誌，還是電視廣播，無一不是從廣告中收取巨額利潤。如果離開廣告，這些行業何以維持，真的很難預料。想到這裡，他大膽地推測：郵票流傳非常廣泛，應該是十分合適的廣告媒體。要是在郵票上做廣告，一來可以幫助扭轉郵政虧損，二來可以讓很多企業和產品得以宣傳，這不是一舉兩得的事嗎？

小戈特華立即撰寫了一份提議，並且上交到州議院。沒想到，這個提議招致很大爭議，眾說紛紜，有人說：「照此辦法辦理，每年可淨增收入12億美元！」有人卻說：「有關法律早有規定，不允許郵票刊登廣告。」

兩種觀點爭論激烈，互不相讓，廣告郵票成為一時焦點話題。

一般人也許只是議論議論而已，但是這個涉及到12億美元的話題自然更引起商界人士注意，誰也不會白白看著12億美元就這麼與自己擦肩而過。於是在各方人士努力爭取、精心策劃之下，1986年，美國出現了一種新型廣告郵票。這種郵票的設計可謂用心良苦，它的邊沿印有2至3英寸的彩色商業廣告，寄信時，必須將其邊沿撕掉，否則不能使用。當這種售價低於面值29%的郵票上市後，人們的議論聲又響起來了。有人說：「聰明人一看就明白，這種郵票是在走法律漏洞。」有人贊同說：「是啊！如果說它違背了法律規定，可是它又沒有在郵票上面做廣告。」有人跟著說：「如果說它沒有違背法律規定，可是消費者在使用郵票時，毫無疑問是注意到了邊沿廣告。」

儘管議論紛紛，廣告郵票還是發行使用了，人們在購買郵票、使用郵票時，面對邊沿上的廣告，不知道該報以何種態度。

廣告郵票的發行使用引起了太多的爭議，也凸顯了廣告中的管理問題。在實際廣告操作中，引起廣告管理的事件很多，是一個還需要完善的議題。

與廣告的產生相比，廣告管理的出現要晚得多。廣告業在18世紀末、19世紀初隨著西方工業革命的爆發而快速成長，然而，由於缺乏正確的管理制度，導致廣告業的競爭混亂無序，影響了當時經濟生活的健康發展。為此，從20世紀以後，西方政府著手廣告的立法和監督工作，開啟了近代廣告管理的先河，並逐步發展完善。

通常來說，廣告管理分為廣義和狹義兩類，前者包括廣告公司的經營管理和廣告行業及廣告活動的社會管理兩方面的內容。後者則是政府職能部門、廣告行業自身和社會監督組織對廣告行業及廣告活動的指導、監督、控制和查處，是對廣告本身的管理。

在實踐當中，廣告管理的內容非常豐富，這包括對廣告主的管理、對廣告發佈者的管理、對廣告資訊的管理、廣告收費管理、戶外廣告管理等等。

**亞爾伯特·拉斯克（Albert Lasker，1880年～1952年）：創建洛德·湯姆斯廣告公司，宣揚「廣告就是平面銷售術」，闡明了客戶部和創意部的夥伴關係；堅定地實行15%的佣金制度；進行研究並訓練了許多未來的廣告公司領導者。**

# 鬥牛比賽——管理制裁

**對廣告主的管理是指廣告管理機關依照廣告管理的法律、法規和有關政策規定，對廣告主參與廣告活動的全過程進行的監督管理行為。**

墨西哥某省建立了一個鬥牛場，打算舉辦猛獅和公牛的搏鬥比賽。這類比賽以激烈殘暴著稱，歷來非常吸引人。可是，這個鬥牛場建好後，一連舉辦了幾次比賽，前來觀看的觀眾都不多，迴響平平。

面對這種現象，鬥牛場主人十分鬱悶，常常唉聲嘆氣：「怎麼搞的，人們怎麼不喜歡刺激的運動了呢？」

他的一個手下聽了，向他解釋道：「不是人們不喜歡刺激了，而是因為我們策劃的鬥牛比賽缺少刺激性。您看，我們的獅子過於溫和，我們的公牛也不夠強壯，想要吸引觀眾，必須要有夠猛、夠威的獅子和公牛。」

鬥牛場主人搖著頭說：「我怎麼會不知道這一點呢？可是上哪去弄威猛的獅子和公牛？」馴養猛獅和公牛需要巨大的財力和人力，他們缺少資金，自然不敢輕舉妄動。

那個手下並不甘心，伏在鬥牛場主人耳邊嘀咕道：「一時半刻誰也弄不來猛獅和公牛，不過我有辦法讓觀眾知道我們這裡有威猛的獅子和公牛。」

「真的？」鬥牛場主人驚喜地問，「什麼辦法？」

手下詭秘地笑了一下，繼續向鬥牛場主人陳述著自己的打算。鬥牛場主人越聽越高興，最後拍著手下的肩膀說：「這件事就交給你了，你馬上去辦。」

幾天後，鬥牛場推出了一連串眩人眼目的廣告，這些廣告極力吹捧將要比賽的兩位選手──猛獅和公牛，說牠們如何如何強壯，如何如何野蠻，比賽將如何如何動人心魄。這些廣告立即傳遍大街小巷，人們無不議論鬥牛一事。有的說：「這次比賽的猛獅和公牛可厲害了，比賽肯定夠刺激。」有的說：「多年沒見過這樣的比賽啦，不能錯過良機。」於是，前去鬥牛場購票等待觀賽的人絡繹不絕，一個個興致勃勃，滿心期待。鬥牛場則一改往年蕭條景象，售完了所有門票。

到了比賽那天，前來觀看比賽的人特別多，除了購買到票的觀眾外，還有很多沒有買到票的人也趕來了，鬥牛場內人山人海，十分擁擠。在人們的歡呼聲中，比賽開始了，一頭獅子首先進入場地，不過牠看上去遠沒有宣傳的那樣威猛。就在人們心懷失望之際，更出乎意料的事情發生了，一隻小牛犢戰戰兢兢走進場地，牠還沒有完全站穩，就見那隻獅子撲上來，一口將牠吞食了！

這時，鬥牛場宣佈，本次比賽結束。聽到這句話，鬥牛場內一片譁然，人們知道上當了，群情激憤，磚塊石頭一起扔進去，甚至有人還開槍了。鬥牛場人員無法管理，最後，任由觀眾把鬥牛場焚毀了。

鬥牛場雖然在廣告的作用下獲得了豐碩的收益，可是結局卻更加慘痛，甚至連鬥牛場都沒了。在廣告學中，廣告管理意義很大。為了管理廣告，每個國家都會制訂很多法律，根據管理對象不同，這些法律可以分為對廣告主的管理、對廣告經營者的管理、對廣告發佈者的管理、對廣告資訊的管理、廣告收費管理和戶外廣告管理。

廣告管理依據的是法律，對廣告主的管理就是廣告管理機關依照廣告管理的法律、法規和有關政策規定，對廣告主參與廣告活動進行有效監督管理，促其按照法律、法規做事，不能違背有關規定。對廣告經營者的管理就是監督和完善他們的審批登記管理、廣告業務員證制度、廣告合約制度等，使他們具有合法經營的權利。對廣告發佈者管理就是廣告管理機關依法對發佈廣告的報紙、雜誌、電臺、電視臺、出版社等單位和戶外廣告物的規劃、設置、維護等實施管理。

**傑伊・恰特（Jay Chiat，1931年～ ）：創建Chiat/Day廣告公司，實施以研究為基礎的業務策劃宣傳的理論；幫助建立了廣告行業緊急基金。**

# 盒子裡的傑克──行業自律

**除了由政府設立的專門或兼職的廣告管理機構和制訂有關廣告管理的法律、法規對廣告進行管理外，還需要廣告行業內部進行必要的自我管理，這就是我們一般所說的廣告行業自律。**

「盒子裡的傑克」是一家速食店的名字，它的創始人名叫羅伯特．彼德森，因為小時候最喜歡的玩具就叫「盒子裡的一個傑克」，所以為自己的速食店取了這個名字。這家速食店以兒童為目標，以微笑著的小丑傑克為標誌，依靠獨特的行銷，發展非常迅速。

從1980年開始，「盒子裡的傑克」把核心目標市場從兒童轉向成人：它把傑克小丑的形象放大；將速食調整為成人口味；在菜單上為成人提供更多選擇。為了配合這一改變，他們的廣告運動隆重登場，並且收穫豐碩。

然而，就在公司大力推行廣告、建立品牌資產之時，一次意外發生了。1993年，速食店發生了中毒事件，幾百名顧客染病，甚至有四名兒童死亡。面對這一打擊，公司沒有消極對待，也沒有推託責任，而是迅速做出了決策，防止再度傷害消費者，贏得消費者的信任，尤其是核心消費者。

1994年，該公司建立了速食行業內最全面的「危險分析與緊急狀況控制點」（HACCP）系統。它得到了美國農業部、州立法委、全國飯店協會等食品工業組織的認可，公司也成為「食品安全工業委員會」的成員。廣告代理TBWA Chiat/Day的創

意人迪克・斯汀設計出活生生的傑克形象，對速食市場中的種種詭計大加諷刺。廣告運動獲得了成功，連續18個季度各家連鎖分店的銷售都得到提升。

「盒子裡的傑克」透過自我管理約束，安全地度過了危機，這裡體現了廣告管理中行業自律的重要特色。

在廣告管理中，除了法律約束外，行業自律也起了很大作用。行業自律起源於19世紀80年代，當時，各種虛假廣告影響了廣告業正常發展，於是各廣告大師相繼呼籲廣告界制止虛假廣告，提倡廣告語言真實可靠，反對欺騙性廣告。

1905年，美國成立了世界廣告聯合會，他們推崇廣告誠實化，建立管理廣告的各種機關，並推動廣告立法，發佈《廣告自律白皮書》。到20世紀中期，世界上許多國家都相應地建立起了廣告行業自律組織及有關的廣告自律準則，世界範圍內的廣告行業自律已頗具規模。

行業自律做為規範廣告的獨特形式，具有與法律、法規不同之處。

首先，行業自律是一種自願行為。實行行業自律，是廣告活動參與者自願的行為，不需要也沒有任何組織和個人的強制，不像法律、法規那樣，由國家的強制力來保證實施。

其次，行業自律約束範圍廣，它既管理法律、法規要求範圍的事項，也對法律、法規以外的問題進行約束管理。

還有，行業自律是非常靈活機動的行為，它做出的規定和要求不像法律那樣嚴格，可以進行修改、補充，目的是為了廣告業發展更加順利。

**尼爾・麥克爾羅伊（Neil McElroy，1904年～1972年）：引發建立了寶潔品牌經營體制和內部品牌競爭的機制。他是第一個成為美國內閣成員的廣告人。**

# 同一個廣告，不同的國度——一體化策略

**所謂國際廣告策略，就是指國際廣告的資訊傳播策略。由於國際廣告活動是在國際市場範圍內展開的，它必須要解決的一個重要問題就是如何以有效的策略執行並實施廣告資訊的傳播。**

很多人都知道萬寶路透過「變性」改變頹勢，一舉走向輝煌的故事，可是它採取國際化廣告策略，從美國走向全世界的事情恐怕大家就不怎麼熟悉了。

自從李奧．貝納為萬寶路策劃了全新廣告，將它的形象定位在牛仔之後，萬寶路銷售量一路飆升，成為美國最有名的香菸公司。這時，萬寶路開始開拓國外市場，準備迎接更大的成功。為此，他們再次委託李奧．貝納為他們策劃廣告。

一般來說，進軍海外市場都要先考慮對方的文化背景、生活特色，並將原來的廣告進行修正才能適應對方需求。可是，李奧．貝納經過仔細觀察分析，做出了一個大膽決定：他堅持萬寶路廣告中確定的牛仔形象主題。對此，不少人提出了疑慮，認為很多國家不會接受這一形象。李奧．貝納卻說：「萬寶路牛仔代表的是一種生活方式、一種男人都渴望追求的性感形象。因此，它肯定能成為一個平等地在世界任何地方執行的傑出廣告創意，不會受到文化差異影響。」

為了廣告成功推出，李奧．貝納親自領導廣告人員進行設計製作廣告，他們拍

攝的照片都是自然的，絕沒有人工製作或矯揉造作的效果，他們設計的主題雖然不變，可是細節卻富於變化，他們樹立的萬寶路世界是美妙的，其中有不少美麗的景色和令人難忘的臉孔。

透過這種廣告宣傳，世界各地的人們很快達成共識，不僅認識了牛仔，還把它當作英雄人物看待，牛仔成為了一種可信的象徵。

除了國際化廣告外，萬寶路還在各種國際活動中透過贊助提高形象和影響力。不久，萬寶路就走向了全世界，成為一個著名的全球性品牌。

在國際廣告中，除了像萬寶路一樣的廣告策略外，還有一種重要策略手段。那就是在不同的地區，面對不同的民族，恰當運用不同的廣告形式。一個產品要打入一個陌生的市場的習慣與愛好，在廣告宣傳中首先要瞭解該地區的歷史背景和文化背景，以及當地人的喜好，以便加以正確利用。如果做不到這一點，容易產生較大誤會，甚至帶來不必要的麻煩。貝納通廣告就是一個典型例子。當它在逐步國際化的過程中，在全世界採用了相同的廣告，某些廣告因觸犯一些國家的習俗或宗教信仰而遭到了衝擊。例如，一幅頗受爭議的「上帝之吻」廣告中，畫面是一個神父和修女在接吻，廣告試圖傳達這樣的資訊：愛能夠超越所有傳統的禁忌。這樣的表現遭到義大利廣告當局的嚴格禁止，但是在一些教會影響較弱的地區，人們卻能夠很好地理解廣告所傳達的資訊，比如在英格蘭這幅廣告就獲得了歐洲最佳廣告獎。

萬寶路和貝納通的故事告訴我們，國際廣告傳播包括兩種策略，一是一體化策略，一是本土化策略。我們在前面已經認識了本土化策略，現在就來瞭解一下一體化策略。

一體化策略就是以統一的廣告主題和內容、統一的創意和表現，在各目標市場的國家和地區實行一體化的資訊傳播。它以人類共同的對美、善、健康等的需求，宣傳自己的產品。

在實際操作過程中，由於本土化策略和一體化策略各有優缺點，所以，不少廣告採取結合運用的辦法，效果很好。

**瑪莉・威爾斯・勞倫斯（Mary Wells Lawrence）：廣告界無冕女王，她創立並領導的威爾斯・里奇・格林公司是美國廣告業歷史上發展最快、最成功的公司，瑪麗・威爾斯・勞倫斯一度成為美國收入最高、最著名的女人。**

# 富蘭克林爐——美國現代廣告發展史

**美國是世界上廣告業最發達的國家，也是近代廣告的發源地。從1841年誕生第一家廣告公司到現在，美國的廣告公司已有150多年的歷史。**

1729年，美國人班傑明·富蘭克林創辦了一份報紙——《賓夕法尼亞日報》。這份報紙發行後，立即引起人們極大關注，創刊號第一版社論的前頭，竟然是廣告欄，刊登了一則推銷肥皂的廣告！這則廣告標題巨大，四周有相當大的空白，顯然採用了藝術手法。這是前所未有的事情，以前的報紙從沒有把廣告放在如此重要的位置。人們議論紛紛，有人說：「富蘭克林一定搞錯了。」也有人說：「富蘭克林太大膽了。」

面對人們的不解和質問，富蘭克林十分坦然，他清楚自己在做什麼，他說：「商品廣告將是人們生活中不可缺少的成分，這是時代的需要。」果然不出他所料，《賓夕法尼亞日報》發行後，取得極大成功，一躍成為美國發行量和廣告量均居首位的報紙。

富蘭克林趁勢而上，在《賓夕法尼亞日報》上接連推出各類廣告，一些推銷船舶、羽毛製品、書籍、茶等商品的廣告刊滿了報紙版面。漸漸的，人們已經離不開這份報紙了，他們在上面推銷自己的產品，尋求商品資訊，它成為人們生活的一部分。

在巨大的成功面前，富蘭克林依然努力工作著，他不僅是廣告經理和推銷員，還親自撰寫廣告作品，是一位超一流的廣告作家，許多產品的廣告文字都是他寫的。有一天，賓夕法尼亞壁爐廠的經理找上門，要求在報紙上刊登廣告。這是報紙第一次為壁爐做廣告，如何撰寫一份精彩的廣告作品引起人們的購買欲望呢？《賓夕法尼亞日報》的工作人員想來想去，都覺得沒有把握。於是，他們只好彙報給富蘭克林，請他拿主意。

富蘭克林經過仔細琢磨，結合壁爐在實際生活中的使用情況，想出了一篇非常吸引人的廣告作品，他寫道：帶有小通風孔的壁爐能使冷空氣從每個孔源鑽進室內，所以坐在這通風孔前是非常不舒服並且是危險的——尤其是婦女，因為在家裡靜坐的時間比較長，經常因為上述原因致使頭部受風寒、鼻流清涕、口眼歪斜，終至延及下額、牙床，這便是北國好多人滿口好牙過早損壞的一個原因。

在這篇廣告作品中，富蘭克林不是單純介紹產品，而是巧妙地強調了使用產品的受益，比以往廣告更為準確地打動人心。果然，這篇廣告刊登後，引起巨大轟動，人們熱切地關注新壁爐，購買積極性十分高漲。後來，這種壁爐就被定名為「富蘭克林爐」，以紀念富蘭克林在廣告業中做出的貢獻。

有位傳記作家曾評論說：「我們必須承認，是富蘭克林創立現代廣告系統。」確實，自從富蘭克林創辦《賓夕法尼亞日報》，報紙廣告業的發展就一發不可收拾。特別是到了19世紀，隨著美國崛起，廣告中心便由英國逐步轉移到了美國，近代廣告也向現代廣告轉化。

1833年9月3日，本・戴（B. Day）在紐約創辦了《太陽報》，這份報紙價格低廉，只賣一美分，因此被稱為「便士報」。但是這份報紙出版四個月後，成為當時美國發行量最大的報紙。它的最主要收入來自廣告，經營管理企業化，使報紙迅速成為理想的廣告宣傳媒介。

南北戰爭之後，美國報紙廣告發展趨勢頭強勁，報刊成為一種利潤豐厚的行業，有些報紙竟然拿出3/4的版面刊登廣告，企業對廣告宣傳也日益重視。

19世紀末20世紀初，受經濟蕭條影響，企業開始關注消費者和市場，廣告業在此形勢下日益興盛起來。20世紀20年代，美國廣告業取得大發展，這時，一些現代化通訊傳播手段開始應用，廣告業不失時機地加以利用，使廣告業獲得了空前的發展。

**美國這個國家的偉大之處在於，它開創了最富有的消費者和最貧窮的消費者基本上購買同樣東西的傳統。你可能正在看電視，然後看見了可口可樂，你知道美國總統喝可口可樂，然後你會想，你也可以喝可口可樂。可口可樂就是可口可樂，你花再多的錢也買不到比街角的那個流浪漢正在喝的可口可樂更好的可口可樂。所有的可口可樂都是一樣的，所有的可口可樂都品質優良，總統知道這一點，流浪漢知道這一點，你當然也知道這一點。**

──普普藝術家安迪．沃荷（Andy Warhol）在演說中表示「最容易理解的藝術就是廣告」、「廣告是反精英的民主藝術」等觀點時提到的可口可樂與美國民主。

# 與雞共舞——美國廣告特色

**美國被公認為是世界廣告的中心。而紐約又是廣告中心的中心，目前最大、最具權威性的國際廣告行業組織——國際廣告協會和著名的世界廣告行銷公司的總部都設在紐約。**

柏杜是美國養雞能手，他的養雞場擁有全世界最大也最貴的價值25萬美元的巨型風機，用來給雞吹乾雞毛。他用一種叫金盞草的花瓣（marigold petals）來餵雞，使養出的雞渾身潤滑金亮，就像披上金衣一樣。

1971年，柏杜突然心血來潮，希望透過聘請一個具有獨特創意的廣告公司，來替他的雞打天下，拓展市場，建立人見人愛的品牌形象。

經過層層篩選，他選中了斯長利．麥長基．史洛斯廣告公司。

這家公司在美國也稱為「三劍客廣告公司」，因為它由廣告界著名的廣告三劍客：斯長利、麥長基和史洛斯於1976年聯合創辦。三人之中，尤以麥長基最為有名，這不僅是因為他是全美最優秀的撰稿天才，在35歲時就被列入美國廣告撰稿名人榜，成為美國廣告史上獲得此項殊榮最年輕的廣告人，更是因為他富於傳奇色彩的個人生活。麥長基喜歡跳舞，被人冠以「舞會動物」的外號。他15歲進入廣告業，憑藉著出神入化的語言才能嶄露頭角，獲得聲望。現在，他應邀為杜伯雞策劃廣告，正是施展才華的大好機會。他來到了養雞場，每天和柏杜一起養雞。這也是他一貫堅持的做法，他認為，廣告客戶是最瞭解他們所經營的企業和產品的，廣告公司應該認真聆聽廣告客戶的話，細心學習及瞭解他們的生意。只有這樣，才能站在廣告客戶市場從「商品角度」來捕捉顧客心理，而非站在廣告立場從「廣告角度」來捕捉觀眾心理。

經過一段時間實地觀察，麥長基認清了柏杜的為人，認清了柏杜雞的特點，以及柏杜飼雞場的經營方針，他找到了為柏杜雞做廣告的獨特之處，這可以從牠們的飼養過程、飼料，以及飼養人員的經驗方面入手，突出特色進行宣傳。

在這個過程中，麥長基突發其想，以柏杜做為柏杜雞場的推薦人，替產品建立名牌，不就是最佳的廣告模特兒人選嗎？

做為雞業鉅子、成功名人，柏杜的長相非常奇特，他頸長鼻尖，外貌似雞，由他粉墨登場，一定可營造出一個獨特的廣告訴求故事。

麥長基大膽的創意獲得了柏杜認可，於是，一個經典廣告產生了。這則廣告的內容如下：

柏杜在養雞場的運輸部，身穿制服，頭戴帽子，一本正經的面對鏡頭說道：「別人告訴我，我應該在白天替柏杜雞進行冷藏，這樣我就不必半夜起來，在雞臨近運出雞場之前，才替肥雞進行冷藏，以確保新鮮。但我從來都不吝惜工夫。我只喜歡盡量讓雞保持新鮮。既然我平日已花了那麼多時間來養雞，為什麼要把這小小工夫也省掉呢？如果有職員覺得我過分挑剔，要求的工作時間太長的話，他們大可以另謀高就……」

廣告推出後，大獲成功，一直到80年代後期，柏杜雞的電視廣告風格，仍然保持這一風格。

這一廣告的成功正好體現了美國廣告的特色。美國是世界廣告的中心，國際廣告協會和著名的世界廣告行銷公司的總部都設在紐約。瞭解美國廣告的情況，是廣告學十分必要的課題之一。

美國廣告具有鮮明的特色，在廣告主題上常強調個性、實用、奢侈、變化及家庭生活的溫馨與親切感，廣告富有創意、形式多樣、活潑幽默，廣告內容上突出自我，喜歡使用誇張模擬手法。而美國廣告的媒體十分發達，除了傳統媒體外，他們善於開發新媒體，並注重利用高科技傳播技術。還有，美國廣告公司歷史久遠，規模較大，是大廣告公司最多的國家。各大廣告公司聯合成立了美國廣告代理商協會（簡稱4A），有效組織管理著300多家廣告代理商。

所以，我們不難看出，美國廣告行業管理是世界上最為健全的，他們的行業組織是廣告管理的重要組成部分。

**約翰・華生（John B. Watson，1878年～1958年），美國心理學家，行為主義心理學的創始人。將心理學的觀點應用於商業廣告上，展現了行為主義的強大威力，並在很大程度上改變了美國廣告業的性質。**

# 廣告之鬼──日本廣告發展史

**日本東京是僅次於紐約的世界三大廣告中心之一。在全球排名100名的大廣告代理商中日本就佔了五分之一多。**

吉田秀雄是日本著名的廣告大師，他以嚴厲的作風和鐵腕統治被人稱作「廣告之鬼」。說起這個外號的來歷，還有一段十分動人的故事。

1928年，吉田秀雄大學畢業，正遇到日本經濟不景氣，工作不好找，他來到株式會社日本電報通信社（現在的日本電通）應徵，被當場錄用。當時日本廣告行業的社會地位還很低，被視為「賤業」，但是，吉田秀雄十分喜歡自己的工作，一直堅持做下去。

在十幾年的職業生涯中，他做了兩件大事，確立了電通在廣告市場的霸主地位，並因此於1947年出任日本電通的第四屆社長。一是他促成當局制訂媒介公開的廣告價格標準。而在此以前，媒體處於強勢，經營上獨斷獨行，廣告代理公司只能在夾縫中求生存，廣告業比較混亂。二是他藉整頓為名，鞏固了電通的經營地盤。當時，全日本有186家廣告代理公司，經營均不大景氣。經過壓縮調整，最後只留下

12家廣告代理公司，而電通就佔了其中四家。

透過這兩件事，吉田秀雄不但坐上了電通社長的寶座，也向同行展現了個人的強大力量。之後，他在與其他公司競爭過程中，更是分毫不讓，抓住新媒介經營，一心成就行業老大的位置。

然而，新媒介經營遭到很多人質疑，特別是電波媒體經營，在當時可是一件風險極大的事情，首先，當時的政府對這件事的態度一直不甚清楚，隨時有收回成命的可能；

其次，報業和財界從未涉及這一領域，都抱著旁觀的態度，合作和投資都不積極；第三，在通貨膨脹的大經濟背景下，電通也幾度陷入財務危機，「電通破產」的流言四起。但是，吉田秀雄還是堅定決心，一定要展開電波媒體經營。

1951年7月，在電通成立16週年的時候，也正好是日本第一家民營電臺開播之前，吉田秀雄向公司職員宣佈，號召大家都來做「廣告之鬼」。

一個月後，他發表了著名的「鬼十則」，要求員工積極工作，努力進取，不怕困難，敢於爭先。這些要求與一般公司強調的平穩發展理念不同，體現了吉田秀雄在當時情況下準備背水一戰的決心和勇氣。為此，他也被人毫不客氣地稱為「廣告之鬼」。

在吉田秀雄的帶領下，電通的營業額節節上升。做為新媒體的廣播廣告，也很快得到了日本社會的認同。爾後幾年，電通藉著這股東風，又乘上電視媒介的快車，更進一步確立了在日本廣告業中龍頭老大的地位。

吉田秀雄的成功見證了日本廣告業發展和管理的歷史。目前世界廣告最發達的國家和地區是美國、日本、歐洲。日本廣告業崛起於20世紀中期，到80年代中後期，即已躍居世界第二位。

日本的廣告業高度發達，是僅次於美國的世界第二大廣告市場，被稱為是廣告的世界。日本東京是僅次於紐約的世界三大廣告中心之一。

在全球排名100名的大廣告代理商中日本就佔了五分之一多。著名的電通公司是日本最大的廣告公司，也是世界上最大的廣告公司。

日本的廣告管理非常嚴格，除了日本政府制訂的法律、法規外，還有強大的行業自律機構。這些機構包括全日本廣告聯盟、日本廣告主協會、日本民間廣告聯盟、日本國際廣告協會等，他們都有著各自的綱領和守則，為本行業廣告活動所遵守。

**大衛・沙諾夫（David Sarnoff，1891年～1971年）：RCA的總裁，被譽為「現代電視之父」，電視播放技術先驅。**

# 史坦利·里索——廣告公司

**廣告代理公司包括客戶服務部、市場調查和研究部、創意部和製作部、媒介策劃與購買部、行銷部、公關職能部六大部分。**

史坦利·里索是現代著名廣告大師，他和他的JWL（智威湯遜）廣告公司在推動廣告業從混沌狀態進入科學領域的過程中，扮演著先驅者的角色，在廣告發展史上留下了不可磨滅的印記。

與很多廣告大師不同的是，史坦利·里索並非JWL（智威湯遜）廣告公司的創始人。1908年，他從寶潔公司轉行加入JWL，並很快得到公司創始人湯普森器重。8年後，湯普森見好收山隱退，史坦利·里索接管了JWL公司，開始了帶領JWL從美國第一一躍成為世界第一的奮鬥歷程。

為了保持公司的競爭力，接管公司後的史坦利·里索大刀闊斧地對各項事務進行了調整和革新。他精簡了人員，關閉了一些效率不高的分支機構，同時大大壓縮廣告客戶，以保證提供更好的服務。

另外，史坦利·里索對公司人員結構進行了大調整，配備了大量的大學畢業生，這在當時的廣告業中，是極為罕見的舉動。

除了廣告經營和創作人員之外，史坦利·里索還獨闢蹊徑，聘請雇傭了作家、經濟學家、心理學家等等。他期望這些專家學者幫助他更好地瞭解人類的本性，以使廣告工作更有成效。而實際上，這些人確實對廣告業發展做出了應有的貢獻。

其中非常著名的是心理學家約翰．沃森所做的「捲菸喜好因素試驗」。試驗過程如下：將一群菸民集中在一起，請他們品評各種去掉商標牌號的香菸，結果表顯示，他們並不能辨別哪種香菸是自己經常吸的，儘管他們曾經多次聲明，自己不吸某種牌號的香菸，可是在去掉牌號後，他們依然吸了。

沃森因此得出結論，消費者的喜好往往是盲目的，在很大程度上受外界的各種因素影響，並非像他們自己宣稱的那樣是出於對商品內在品質的偏愛。這一調查試驗，可以說從宏觀上確立了廣告的地位，明確指出了廣告的必要性，對於廣告業發展不容忽視。

史坦利．里索還很注意激發公司每個員工的積極性，他管理下的JWL沒有森嚴的等級制度，不同的意見可以透過各種正式的和非正式的管道展開交流，許多具有獨創的想法就是在這種碰撞之中產生的。

在大力發展國內事業的同時，史坦利．里索還獨具慧眼，積極與大公司聯合進軍國外市場，進而開啟了海外廣告業務。同時，他也十分注意媒體發展，展開多種媒體廣告形式，在運用其他傳播媒介特別是無線電廣播方面，走在時代的尖端。

在史坦利．里索的管理下，JWL公司呈現積極向上、無往不勝的態勢，創作出許多膾炙人口的廣告傑作。80年代中期，JWL在美國的分支機構有60個，在全球幾十個國家和地區也建立了130個機構。除了美國公司之外，其他國家的許多企業公司也都是JWL的客戶。

史坦利．里索無疑是管理廣告公司的高手，正是在他的努力下，廣告公司逐步走上正規，公司代理制度逐步完善。下面，我們就來簡單看一下現代普通廣告代理公司的組織結構和運作流程。

通常來說，廣告公司包括客戶服務部、市場調查和研究部、創意部和製作部、媒介策劃與購買部、行銷服務部、職能公關部六大部分。這幾個部門各有分工，任務不同，但是他們必須互相合作，才能形成一個有機整體，保證廣告活動順利進行。

廣告代理公司具有一定運作流程規律，首先，公司接受客戶委託，進行前期準備，安排各部門工作；然後，進入廣告策劃階段，這是廣告運作過程中的核心部分，從創意到文案，都需要進行細緻入微的工作。

制訂好了計畫書之後，公司就可以提案，確認廣告實施與否。一旦提案通過，就進入廣告執行階段，執行完畢，最後還要對廣告進行評價和總結。

**雪麗・波力考夫（Shirley Polykoff）：任職於博達大橋廣告公司。她撰稿的伊卡璐染髮產品廣告，為消費者提供更多選擇的染髮創意，被評選為《廣告時代》（Advertising Age）雜誌的20世紀最佳廣告第九名。**

# 10美元賣掉公司——4A廣告公司

**4A的本意是美國廣告公司協會（American Associate of Advertising Agencies）的縮寫。**

艾爾伯特·拉斯克爾是創造現代廣告的六位巨擘之一。關於他的故事，可以從頭說起。

1898年，18歲的艾爾伯特·拉斯克爾進入一家廣告公司工作，當時他的工作與廣告完全沒有關係，他只不過是個負責倒痰盂的小職員。可是，年輕的拉斯克爾是天生的廣告奇才，工作不久，他就熟悉了廣告業務，而且順利轉變成一個業務員，開始了在全國各地聯繫業務的工作。

如果說從清潔工到業務員是個人才華的凸顯，那麼，兩年後，拉斯克爾買下自己所在的廣告公司，成為年輕的老闆，就是一個奇蹟。然而，拉斯克爾做到了，他買下了公司，幾經努力，將公司發展成為全美最大的廣告公司，自己也成為最富有的廣告人。

面對巨額財富，拉斯克爾十分慷慨，他不僅十分捨得花錢，過著奢侈的生活，又積極投身於慈善事業，是個有名的大慈善家，他將大部分財產都捐獻出來做為醫學基金獎勵醫學研究。拉斯克爾曾自豪地說：「我不想賺大錢，我只要讓人知道我的腦子可以做什麼。」

拉斯克爾62歲時，做出了一件令世人矚目的事情。當時，他的公司已是美國最大的4A公司，經營規模巨大，發展前途無量。可是一天下午，拉斯克爾與妻子共進下午茶時，突然說道：「瑪莉，我已決定離開廣告這一行業了。」

他的妻子大吃一驚，不知道丈夫為何做出這種決定。要知道，多年來，拉斯克爾精力充沛，經常一天工作15個小時，用來管理公司，發展業務。而且還特別注意發掘人才，有一段時期，全美12家主要的廣告公司中有9家公司的老闆曾是拉斯克爾的部下。在她看來，丈夫一直視廣告為生命，為之付出良多，怎麼會突然要離開這一行業呢？而且公司怎麼辦？

看著妻子疑惑的眼神，拉斯克爾說：「我要將剩餘的時間留給妳、陪伴妳，而把公司送給年輕人，讓他們去管理發展。」

兩天後，拉斯克爾召集了三名最得力的部下來到辦公室，對他們說出了自己的打算。這三人分別叫福特（Foote）、康恩（Cone）、白爾丁（Belding），他們吃驚地說：「您離去了，公司交給誰？」

拉斯克爾笑著說：「自然是你們三人。」

「可是，」三人顧慮地說，「我們要付出多少錢才能擁有公司？」

拉斯克爾輕輕地轉動了一下椅子，伸出手指說：「10美元，我只要10美元，這家公司就歸你們所有了。」

三人一聽，吃驚地張大了嘴巴，無法相信剛剛聽到的話。

望著他們吃驚的臉孔，拉斯克爾繼續說：「你們先不要著急，我還有個條件，這就是放棄公司原來的名字，不要再叫洛德．湯馬斯了。隨便你們取什麼名字好了。」

就這樣，一家4A公司以區區10美元「賣掉」了。

艾爾伯特．拉斯克爾以10美元的象徵價格轉讓了自己傾其一生心血鑄造的洛德．湯馬斯公司，顯示出廣告大師超然脫俗的魅力。要知道，洛德．湯馬斯可是全美最大的廣告公司，是4A公司的代表成員。如果你還不明白洛德．湯馬斯究竟意味著什麼，那麼我們就來認識一下4A公司。

4A是美國廣告公司協會（American Associate of Advertising Agencies）的縮寫，是美國代理業中最權威的廣告團體，總會設在紐約，會員公司有300多家。這些公司都是規模較大的綜合性跨國廣告代理公司。4A協會對成員公司有很嚴格的標準，比如在香港，4A廣告協會對會員的要求是年營業額至少為5000萬港幣，必須對客戶收足15%佣金及17.65%服務費。

**賴利：創辦賴利廣告公司，是當今美國最傑出的撰稿員。賴利的廣告哲學，以強調替產品進行軟推銷為主。他認為利用感性訴求來感動消費者花錢購物，每每比使用硬性的理性訴求來說服消費者，更有效得多。**

# 10號足球明星——廣告意識培養

**提高廣告意識，就是提高宣傳意識，提高員工對於企業和產品的認知感、榮譽感。**

普拉蒂尼是法國足球明星，他退休後開了一家服裝公司，取名「10號普拉蒂尼服裝公司」，並用「10號普拉蒂尼」做為服裝商標。服裝投入市場後，很快就在全國走俏，銷售量一路直升。公司開業當年，營業額竟高達1400萬法郎，普拉蒂尼也由體育名人一躍成為商界赫赫有名的服裝大王。

普拉蒂尼雖然一直踢足球，但是很有商業頭腦，他看到公司有了些名氣，決定趁勢而上，繼續擴大規模和影響，奠定自己的品牌地位。

於是他開始尋求廣告代理，希望藉助廣告的力量使公司更上一層樓。在廣告公司的幫助下，經過仔細選擇，他挑中了一本名叫《他》的雜誌，打算以其為陣地介紹產品。

不久，《他》雜誌上就出現了關於普拉蒂尼公司的服裝廣告，這些廣告與通常服裝廣告不同，它們不是向消費者推銷已經上市的產品，而是提前將公司的新款服裝展示出來，供大家品味。這樣，在一般人眼裡，普拉蒂尼公司注重服裝的超前性，因此格外具有吸引力。

普拉蒂尼是個廣告意識非常強的人，除一般廣告外，他還充分利用自己的名聲和地位進行廣告活動。

歐洲廣播電臺曾經和他簽訂了一項為期3年的合約，讓他擔任足球大賽評論員。按照常規約定，他參與此類活動可以獲得200萬法郎的報酬。歐洲廣播電臺也做出了這樣的準備，但是，普拉蒂尼卻說：「我一分錢也不要。」

對方詫異地問：「那你想要什麼？」

普拉蒂尼說：「我只要你們每隔一小時播放一次『10號普拉蒂尼公司』的廣告節目。這樣行嗎？」

歐洲廣播電臺當然很高興，痛快地答應下來。果然，在其後3年的時間裡，10號普拉蒂尼公司的廣告每日每時都在播出，影響巨大，在法國家喻戶曉，婦孺皆知。

正像日本廣告學者所說：「廣告實際上是同各式各樣的企業活動渾然一體在市場上發揮作用的。因此，單純採用廣告刊載的『費用—效果』標準去衡量就不合適。」廣告的最大特點是潛移默化。在現代高度發達的資訊社會，競爭追根究底就是人才的競爭，全球市場一體化趨勢的不斷加強，就更需要能夠勝任國際市場行銷、國際傳播的人才。這一點，不僅體現在國家策略上，也同樣體現在許多企業管理上。

目前，廣告競爭在企業發展佔據重要地位，企業可以委託廣告公司代理廣告，同時，也要提高公司員工的廣告意識，使他們成為公司的有力宣傳人員。

因此，提高廣告意識，就是提高宣傳意識，提高員工對於企業和產品的認知感、榮譽感。這既是公司管理的一面，也是廣告學不容忽視的一個問題。

**史坦利・里索（Stanley Resor，1879年～1964年）：身為美國廣告代理商會的締造者之一，里索領導的智威湯遜公司在1977年成為世界第一位的公司，成為第一個營業額突破 1 億美元的廣告公司。**

# 大師韋伯·揚──廣告教育

**調查資料顯示，現代廣告業急需的五類人才分別為：瞭解國際市場、通曉國際廣告運作經驗和具備較強溝通能力的人才，有敏銳洞察力和市場駕馭能力的高級管理人才，具有整合行銷、傳播、策劃能力的複合型人才，能夠自己進行創作、設計的人才，高層次的各類廣告製作，特別是擅長影視廣告策劃設計和製作的專門人才。**

在廣告史上，有一個人的地位非常獨特，他的名字叫韋伯·揚。韋伯·揚出生在美國肯德基州卡溫頓，他的父親是保險經紀人。雖然父親對他寄予厚望，但是他從小成績一般，小學六年級時就輟學，成為了一家商店的店員。

韋伯·揚做著一般的工作，一點也沒有顯露出成為廣告大師的能力。時光悄悄流逝，韋伯·揚22歲了，多年來，他一直堅持讀書、寫作，並渴望成為一名作家。這時，有家書店聘請廣告經理，他聽說後前去應徵，結果被選中了。就這樣開始了自己的廣告之路。

4年後，韋伯·揚離開書店，投身到一家廣告公司，不過他從事的仍然是自己喜歡的文案工作，負責撰寫廣告詞語。很快，他出色的廣告文案引起人們的注意，1917年，他受邀到智威湯遜廣告公司紐約總公司任副總經理，從此，他的廣告才華一發不可收拾，成為業界名人。韋伯·揚創作了很多優秀經典廣告文案，得到同行們的一致好評，但他並不沉迷於此，而是對於教育情有獨鍾。從1928年開始，他在芝加哥大學商學院任教有5年之久，是該學院「廣告」和「商業史」課程的唯一教授。任教期間，他勤奮寫作，創作了十幾本著作，其中《產生創意的技巧》和《怎樣成為廣告人》兩書獲得巨大成功。伯恩巴克甚至為《產生創意的技巧》作序說：「這本小冊子中表達了比其他廣告教科書都更有價值的東西。」而《怎樣成為廣告人》最初做為芝加哥大學商學院的廣告課教材，其後更是做為智威湯遜廣告公司員工培訓教材，是韋伯・揚的代表著作。

與其他廣告大師相比，韋伯・揚對廣告的貢獻不僅在於「做」，而且重視「寫」和「說」。有人說：「在廣告史上韋伯・揚扮演了『廣告人和教師』的雙重角色，他將豐富的廣告實踐搬上大學講臺，為培養廣告人孜孜不倦地演講和寫書，他對廣告充滿使命感，他的傑出廣告思想和影響巨大的廣告著作，使他無愧於廣告大師的稱號。」

對於廣告人才的教育，是現代資訊產業快速發展的一個重要體現。全球化經濟、全球化貿易對全球化廣告傳播的現實需求對21世紀的廣告實踐和廣告人提出了新要求，而加快發展廣告事業的關鍵是培養人才，培養人才的核心就是教育。

廣告教育應該注重實際能力和創新精神培養，使廣告人員能適應快速變化的社會環境。同時，由於廣告是一種特殊的經濟活動，體現出較強的文化特性，這就要求教育除了專業知識和技能培養外，還要注意側重文化、藝術方面的修養，開闊廣告人員視野，豐富他們的精神世界。另外，廣告宣傳是一個整體性活動，需要合作精神，因此也應該加強培養廣告人員的團隊精神，讓他們懂得與人合作的重要。

**鮑伯・蓋奇（Bob Gage，1921年～ ），追隨威廉・伯恩巴克離開葛瑞廣告公司幫助創立DDB，並且樹立新的美指—文案的概念模型。將全新的視覺感受帶給了影視廣告及電影業。**

# 魔鬼還是天使——展望廣告未來

**從廣告學誕生以來，各種理論學說就在不斷爭論，互相促進，相信隨著人們人文素養的不斷提高，廣告也會不斷進步發展。**

2002年，美國速食業首度遭遇了肥胖的案件。這起案件的起訴者是3個年輕女子，被告人是大名鼎鼎的麥當勞公司。3個年輕女子指控麥當勞公司在廣告中誤導消費者，使她們每天必吃薯條和漢堡，因此罹患上了各種與肥胖有關的疾病，她們要求麥當勞賠償數十億美元。

麥當勞公司派出精兵強將應付這件事情，可是歷時3年，他們還是敗訴了。2005年，他們不得不承認使用的烹飪油中所含反式脂肪酸過高，容易導致人體發胖，因此答應賠償850萬美元。其中700萬美元捐給美國心臟病協會，150萬美元用來向大眾宣傳反式脂肪酸有害的資訊。

此事引起的轟動可想而知。長久以來，在麥當勞強而有力的廣告宣傳影響下，很多人對於速食形成了依賴心理，他們十分喜歡這種快捷方便、美味好看的食品，而且長期不間斷食用。這一度造就了麥當勞神話，而如今，面對長期食用造成的惡果，人們不得不反思深慮。

與麥當勞遭遇相同的還有一家著名公司，那就是萬寶路。1997年，一位名叫傑斯．威廉斯的學校保全員吸「萬寶路」香菸達40年之久，結果罹患了肺癌去世，終年67歲。

對此，威廉斯一家向「萬寶路」菸草大王莫里斯提出控訴，要求他賠償1.01億美元。威廉斯一家認為，「萬寶路」公司知道其生產的香菸可能會導致癌症，卻沒有向公眾說明這一點，而是在廣告中大談香菸的魅力，因此威廉斯誤認為「萬寶路」公司不會出售有害產品，便放心大膽地吸，每天達3包之多，成了道道地地的癮君子。

官司歷時2年，最終，美國俄勒岡州波特蘭市的一個法庭判萬寶路賠償這個吸菸受害者家庭8100萬美元。

我們都知道，是廣告成就了萬寶路，使它走向全世界。 可是如今，它帶給人們的負面影響如此深遠，是不是也該歸咎到廣告身上呢？

對於這些越來越嚴重的問題，英國政府曾經採取了果斷措施，他們發佈了「白皮書」，禁止電視頻道在兒童觀看電視的黃金時段播放任何「垃圾食品」廣告，這一措施公佈後，據英國兩家主要報紙統計，2004年度英國電視上的「垃圾食品」廣告比2003年度至少減少了1萬個！

到了今天，我們的生活已經被廣告覆蓋，一方面，廣告向人們展示了一種前所未有的文化現象，人們透過廣告認識產品、瞭解品牌、購買商品，人們還透過廣告接受新知識，改善生活。毫無疑問，廣告的發展刺激了經濟發展，推動了社會進步，是人類創造的一位天使。

另一方面，廣告的氾濫，助長了人們的享樂消費主義，提供的資訊因為無法確定真假，也會造成預想不到的危害，從這點來看，廣告干擾了人們的生活，影響正常的社會秩序，它也是現代社會製造的魔鬼。

管他是魔鬼還是天使，廣告已無可厚非地成為人們文化生活中不可缺少的內容。面對現實，廣告業究竟該何去何從，是廣告學研究的一個重要課題。我們有理由相信，隨著大家人文素養的不斷提高，廣告也會不斷進步發展。總有一天，凸現文化魅力的廣告將擁有越來越深厚的文化底蘊，也將有更多的文化內涵等待我們去探究。

**喬治・蓋洛普（George Gallup，1901年～1984年）：1947年，喬治・蓋洛普離開了揚・羅必凱廣告公司之後，與克勞德・魯濱遜一起繼續開拓他的民意測驗，並建立了蓋洛普民意測驗公司。進而這個具有「衝擊性」的測驗開始成為美國的潮流。蓋洛普深信，消費態度的研究必須先於創意工作。**

國家圖書館出版品預行編目資料

關於廣告學的100個故事／陳勝光編著.
－－第一版－－臺北市：宇河文化 出版；
紅螞蟻圖書發行，2008.9
面　公分－－(Elite；12)
ISBN 978-957-659684-1（平裝）
1.廣告1.通俗作品

497　　97015157

Elite 12
關於廣告學的100個故事
編　著／陳勝光
美術構成／Chris' office
校　對／周英嬌、朱惠倩、楊安妮
發 行 人／賴秀珍
總 編 輯／何南輝
出　版／宇河文化出版有限公司
發　行／紅螞蟻圖書有限公司
地　址／台北市內湖區舊宗路二段121巷19號(紅螞蟻資訊大樓)
網　站／www.e-redant.com
郵撥帳號／1604621-1　紅螞蟻圖書有限公司
電　話／(02)2795-3656（代表號）
傳　真／(02)2795-4100
登 記 證／局版北市業字第1446號
法律顧問／許晏賓律師
印 刷 廠／卡樂彩色製版印刷有限公司
出版日期／2008年9月　第一版第一刷
2015年9月　第四刷

定價 300 元　港幣 100 元

ISBN 978-957-659684-1　Printed in Taiwan